된장 | 고추장 | 전통주 | 와인 | 식초 | 식물발효액 | 소스 | 장아찌

누구나! 손쉽게! 어디서나 만들수 있는

웰~빙

농촌진흥청 가공이용과 엮음

발효 식품

21세기사

최근 식품에 대한 안전성, 고급화, 편의성, 건강, 웰-빙 등 소비자들의 식품에 대한 다양한 가치 추구는 식품의 생산과 가공에 있어서 새로운 변화를 요구하고 있습니다. 식품 선택과 소비에 있어 10인 10색의 시대가 온 것입니다.

이러한 소비자들의 개성적 소비 추세와 교통·통신·택배 등 유통체제 발달에 힘입어 농촌 지역에서 소량 생산되는 다양한 품목에 대한 수요 및 틈새시장이 확장되고 있고 농가의 식품산업 참여 욕구도 높아지고 있으나 기술 기반 및 경쟁력이 취약한 실정입니다.

이에 2009년부터 연구개발 결과를 농가에 직접 적용하면서 영농 현장의 애로기술을 지원해주었으며 그중 농가 단위에서 손쉽게 할 수 있는 가공 기술들을 분야별로 묶어 수록했습니다.

수록된 내용들이 개별 농가의 가공 여건이나 조건에 다소 맞지 않는 점이 있더라도 그동안 경험에서 얻은 지식과 기술을 토대로 합리적인 가공 이용에 참고 자료로 활용되기를 바랍니다. 계속 부족한 부분은 보완해서 농가의 식품 이용에 도움이 되도록 노력하겠습니다.

PART I. 장류

PART II. 전통주

PART III. 와인

PART I. 장류

대두를 주원료로 메주를 다르게 띄우거나 부재료를 첨가하든지 특별한 재료로 맛을 낸 장, 또는 계절에 따라 별미로 담는 '단기장' 또는 '속성장'을 별미장이라고 한다. 식생활의 트렌드가 전통음식, 향토음식을 찾고 즐기는 것으로 변화되고 있는 시점에서 조상들의 지혜와 경험이 축적되어 빚어진 별미장들을 다시 조명해볼 필요가 있다.

장류

별미장이란?

대두를 주원료로 메주를 다르게 띄우거나 부재료를 첨가하든지 특별한 재료로 맛을 낸 장, 또는 계절에 따라 별미로 담는 '단기장' 또는 '속성장'을 별미장이라 한다.

기록에 의하면 별미장은 지역별로 장맛과 숙성 기간에 따라 혹은 원료 및 담금법에 따라 무려 130여 종 이상이 있었던 것으로 알려지고 있다. 예부터 우리 조상들은 된장, 고추장, 간장 등의 기본장 외에 즙장, 막장, 시금장, 생황장, 찌금장, 비지장, 대맥장, 소두장, 쌈장, 무장, 청태장, 두부장 등 다양한 장류를 담가 이용했다.

그러나 요즘은 예전 가정에서 이루어졌던 장류 제조가 공장으로 이전되면서 지역별 가정별로 전승되어 오던 별미장들이 사라져가고 있다. 식생활의 트렌드가 전통음식, 향토음식을 찾고 즐기는 것으로 변화되고 있는 시점에서 조상들의 지혜와 경험이 축적되어 빚어진 별미장을 다시 조명해볼 필요가 있다.

별미장의 종류 및 특징

종 류	특 징
막장	– 토장과 유사한 형태로 수분이 많은 형태의 장 – 부재료로 보리, 밀을 띄워 담금
담북장	– 볶은 콩으로 메주를 띄워 고춧가루, 마늘, 소금 등을 넣어 익힘 – 메주를 5~6cm 지름으로 빚어 5~6일 띄워 말려 소금물을 부어 따뜻한 　장소에서 7~10일 발효
즙장	– 막장과 유사하며 수분이 많은 형태의 장 – 밀과 콩으로 쑨 메주를 띄워 채소에 넣어 담금 – 경상도, 충청도 지방에서 담가 먹음
청태장	– 청태콩으로 메주를 만들어 띄워 만든 장으로 햇고추를 첨가함
집장	– 여름에 담가 먹는 장으로 7월에 장을 만들어 두엄에서 발효시킨 장
지례장	– '지름장', '찌엄장', '우선 지레 먹는 장'이라 하여 지례장이라 함 – 메주에 김치국물을 넣어 제조함
생치장	– 암꿩의 살코기에 생강즙과 장물로 간을 맞춰 볶아 만든 장
비지장	– 두유를 짜고 남은 콩비지로 담근 장
무장	– 쪼갠 메주에 끓인 물을 식혀 붓고 10일 정도 재웠다가 그 국물에 　소금을 첨가하여 익혀 먹는 장
대맥장	– 검은콩을 볶아 보릿가루를 섞어 띄워 빚은 메주로 담근 장
생황장	– 콩과 메밀가루를 섞어 빚은 메주로 담근 속성장

01 | 메밀 속성장

메밀을 이용한 속성장은 5개월 이상 소요되는 된장과는 달리 4주 만에 완성되는 특징을 가지고 있다. 장류 고유의 기능과 색다른 품질 특성을 함께 포함하고 있으며, 장 가르기를 하지 않아 아미노산이 풍부하여 구수하고 단맛이 어우러진 맛이 일품이다. 쌈장 및 조미 소스로 활용이 가능하다.

재료
콩(백태) 10kg, 메밀가루, 천일염, 항아리

제조방법
① 깨끗이 선별한 콩을 18시간 동안 물에 불린다.

② 가마솥 또는 증자 장치를 이용하여 물에 불린 콩을 찐다.

③ 찐 콩을 분쇄하여 메밀가루와 섞는다. 혼합 비율은 동량(5:5) 또는 콩을 메줏가루
보다 조금 더 많이(7:3) 섞는다.

④ 500g에서 1kg 정도의 중량으로 메주를 성형하여 하루 동안 겉 말림한다.

⑤ 28~30℃, 상대 습도 80%의 조건에서 1주일 동안 띄운다.

⑥ 띄운 메주를 건조하여 분쇄한다.

⑦ 메주 10kg, 천일염 2.2kg 및 물 12ℓ를 섞어 항아
리에 넣는다.

⑧ 4주 동안 발효시킨 후, 냉장 보관한다.

01 원료 선별 ㅣ 02 물에 불린 후 찜 ㅣ 03 혼합(찐 콩, 메밀가루) ㅣ 04 성형 후 겉 말림 ㅣ 05 띄우기
06 분쇄 후 혼합(메주, 소금, 물) ㅣ 07 숙성 ㅣ 08 완성

02 | DIY 간편 고추장

DIY형 간편 패키지 고추장은 고춧가루, 메줏가루, 호화된 전분(찹쌀 팽화미, 제품), 쌀누룩(*Aspergillus oryzae*를 접종한 것)을 각 재료별로 제조하여 소포장 하여 패키지로 구성한 제품으로

① 소비자들이 안전하고 위생적으로 전통 고추장을 집에서 손쉽게 담글 수 있을 뿐만 아니라 고추장을 담그는 시간과 노력을 줄일 수 있어 편리하고,

② 재료를 최적당량으로 계량하여 제품화할 수 있으므로 재료의 낭비가 없고 비용을 줄일 수 있으며,

③ 엿기름이나 조청을 넣지 않아도 시판 고추장보다 단맛을 낼 수 있다.

재료

찹쌀 팽화미 375g, 쌀누룩(황국) 375g, 고춧가루 250g, 메주가루 83g, 소금 180g, 물 1,000㎖(완성 용량 2kg 정도, 2ℓ 항아리 분량)

제조방법

① 팽화미, 고춧가루, 메주가루, 소금을 준비한다.

② 황국을 이용하여 쌀누룩을 제조한다. ⇒ 쌀누룩(입국) 제조 방법(45쪽 참고)

③ 팽화미와 쌀누룩을 각각 곱게 분쇄한다.

④ 물을 끓여 소금 120g을 넣어 녹인 뒤 60℃까지 식힌 다음.

⑤ ④의 끓여 식힌 소금물에 준비한 재료들을 팽화미, 메줏가루, 쌀누룩, 고춧가루의 순서로 혼합하여 잘 섞는다.

⑥ 소독한 항아리에 고추장을 담고 고추장 윗면에 남은 소금 60g을 골고루 덮는다.

⑦ 20℃에서 두 달 정도 익히면 먹을 수 있다.

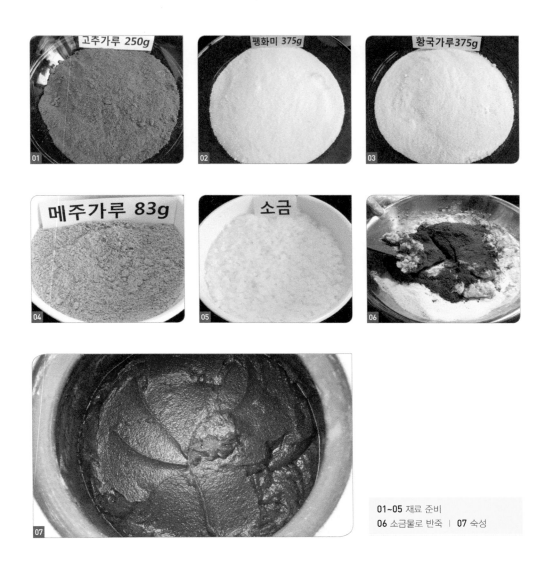

고추가루 250g

팽화미 375g

황국가루375g

메주가루 83g

소금

01~05 재료 준비
06 소금물로 반죽 | 07 숙성

· 팽화미란?
압력이 걸려 있는 용기에 쌀을 넣고 밀폐시켜 가열하면 용기 속의 압력이 올라간다. 이때 뚜껑을 갑자기
열면 압력이 급히 떨어져서 쌀알이 수배로 부풀게 된다. 이것을 튀긴 쌀 또는 팽화미(膨化米)라 한다. 팽화
미를 취급하는 식품회사에서 구입할 수 있다.

PART II. 전통주

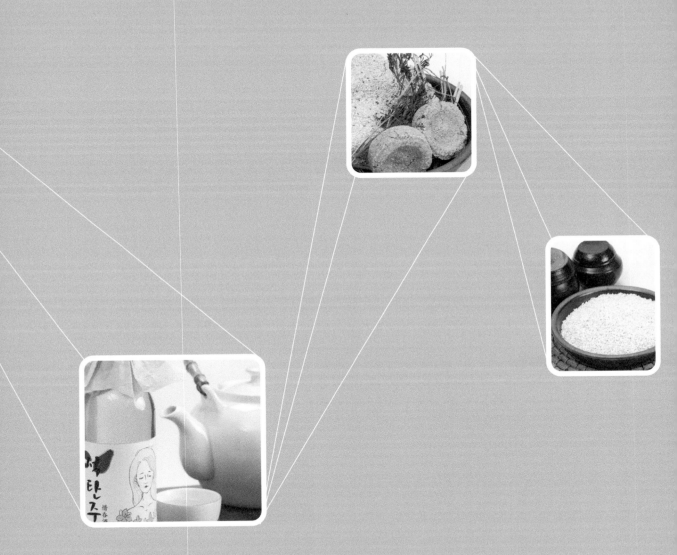

술은 인류의 역사만큼 오랜 세월을 같이 해 왔다. 주몽탄생신화의 전설로 시작한 우리나라술은 삼국, 고려, 조선시대에 걸쳐서 제조법, 품질에 있어 눈부신 발전을 이룩하였다. 본 장에서는 이러한 술들 중 제조하기 쉽고 현대에서도 대중적인 입맛을 보여 줄수 있는 몇가지 술을 선발하여 소개하고자 한다.

전통주

전통주 복원

1. 옛 술의 복원을 통해 조상의 지혜를 오늘에 되살리다

우리 민족이 오랫동안 즐겨 마셔 왔고 우리 입맛에 길들여진 전통주. 특히 조선 시대에는 유교문화의 영향으로 집집마다 제삿술을 받드는 것이 일반화되어 가양주 문화가 활짝 꽃을 피웠다. 문헌에 기록된 술 종류만도 360여 종이었지만 지금은 대부분 전해지고 있지 않다. 그 이유가 일제 강점기를 지나면서 대부분의 전통주가 소멸되었다고 하니 안타까운 일이 아닐 수 없다. 이에 농촌진흥청에서는 오랜 기간 축적된 우리 술 양조법에 숨어 있는 조상들의 지혜를 찾아내고, 과학적 해석을 통하여 지식재산권을 확보하며, 나아가 현대인의 취향에 맞는 양조 기술을 개발하고자 고문헌 속 전통주의 복원 사업을 추진하고 있다.

2. 어떤 술들을 복원했나?

우리 술 복원프로젝트는 2008년부터 수행되었으며 연간 2~4종을 복원하여 2012년까지 총 15종의 전통주를 복원할 계획이다. 현재 삼일주, 황금주, 녹파주, 아황주, 도화주, 석탄주, 벽향주 등을 복원하였고 삼해주, 진상주, 삼미감향주를 복원하고 있는 중이다. 복원 중에 찾은 전통 기술이나 녹색 기술은 지식재산권을 확보하고 핵심 기술을 생산 업체에 기술이전하여 실용화하고 있는데,

그중 녹파주는 경남 함양의 전통주 명인에게 기술 이전되어 상품으로 출시됨으로써 일반인들도 옛날 우리 선조들이 즐겨 마시던 전통주의 맛을 볼 수 있게 되었다. 황금주는 현재 경기 이천과 강원 철원의 소규모 전통주 업체에서 현장적용 연구를 수행 중이다.

3. 전통주 복원의 의의

재료나 제조 방법의 복원을 통한 기술적 접근도 필요하지만 전통주가 지니고 있는 문화적 중요성과 의미도 함께 조명해야 할 것이다. 시대나 지역, 재료, 신분 등 다양한 스펙트럼으로 전통주를 분석하고 발굴하여 향후 소중한 국가의 자원으로 만들 수 있는 기반을 구축해야 한다. 단순히 농업과의 연계를 통한 전통주 산업의 발전도 좋지만 김치, 장 등 세계적으로 우수한 음식문화를 갖고 있는 민족으로서 '전통주'는 새로운 세계화의 콘텐츠로 만들 수 있는 소지가 충분히 있다고 본다. 프랑스의 와인이나 일본의 사케가 대표적인 술인 것처럼, 우리도 조상의 자랑스러운 유산인 다양한 전통주를 복원하여 우리 술도 세계인이 사랑할 수 있는 명주로 만들어야 할 것이다.

01 | 아황주

고조리서(古調理書)인 『산가요록』, 『수운잡방』 등에 등장하는 대표적인 전통주이며, 원료의 비중이 높은 것으로 보아 상류층에서 주로 이용했을 것으로 추측된다. 술의 색이 매우 진한 황색이고 강한 단 맛을 내는 것이 특징이다.

재료

멥쌀 2kg, 분쇄기(또는 절구나 맷돌), 누룩가루 150g, 찹쌀 1kg, 여과용 자루 2개 (나일론, 광목), 효모 9g

제조방법

멥쌀 2kg을 깨끗이 씻은 뒤 물을 뺀 후 곱게 분쇄하고 끓는 물 3ℓ를 부어 익반죽[1]을 한다. 반죽이 식으면(30℃ 이하) 누룩 300g 과 효모 9g[2]을 첨가하여 반죽이 물러질 때까지 잘 섞는다. 10ℓ 정도 크기의 용기에 넣은 뒤 3일간(봄가을 5일, 겨울 7일) 발효시킨다(25℃ 내외). 술을 담근 첫째 날은 하루에 3회 정도 큰 주걱이나 깨끗한 막대기로 술덧을 크게 저어서 효모의 성장을 돕는다. 둘째 날부터는 뚜껑을 닫아 놓는

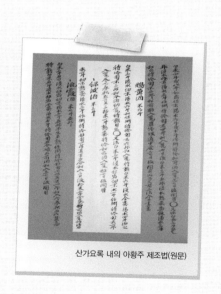

산가요록 내의 아황주 제조법(원문)

---

1) 익반죽(전분질) : 가루에 끓는 물을 뿌려가며 하는 반죽

2) 효모의 전처리법 : 효모 9g을 종이컵에 넣고 미지근한 물(37℃ 정도)로 반쯤 부은 뒤 찻숟가락으로 1스푼 가량의 백설탕을 첨가하여 잘 저어주면 약 5분 뒤에 효모가 끓어오른다. 이때 누룩가루와 함께 첨가한다.

다. 셋째 날에 찹쌀 1kg을 물에 30분 불린 다음 1시간 이상 물빼기를 하고 난 뒤 고 두밥을 찐다(고두밥이 완료되는 시간은 김이 올라오기 시작한 시간부터 약 45분 전 후다). 그 후 차게 식히고 밑술과 합하고 발효시킨다(25℃ 내외). 7일 후 음용한다.

어울리는 음식
간단한 다과류, 과일 샐러드 등

- 재래누룩은 가루를 내어서 고운 체로 치고, 그 고운 가루를 햇볕에 3일 동안 말린 후 사용하면 깔끔한 술맛 을 낼 수 있다.
- 술 담근 첫째 날은 깨끗한 나무 주걱으로 완전히 저어준다. 효모에 산소를 공급하여 성장을 돕기 위함이다. 하루에 3회가량 저어준 뒤 둘째 날부터는 뚜껑을 닫는다.

01 멥쌀 2kg, 세미, 침지, 물빼기 | 02 제분 | 03 반죽 | 04 여름 3일, 봄가을 5일, 겨울 7일 발효(또는, 25℃에서 3일 발효)

05 찹쌀 1kg 고두밥 찐 후 식힘 | 06 밑술과 합함 | 07 여과 | 08 포장

02 | 황금주

조선 시대 양반들과 서민층 모두 즐겨 마셨던 술로 찹쌀을 이용하여 술을 빚었으며, 달고도 매운 술로서 그 맛은 달고 쓰며, 매우 기이하여 술을 잘 마시는 사람도 두세 잔 이상은 못 마시는 술(주찬)이라고 전해진다.

재료

멥쌀, 찹쌀, 누룩, 솥, 주걱, 체, 분쇄기, 항아리, 광목천 등

제조방법

① 세미 및 침지 : 멥쌀(1.2kg)을 깨끗이 씻어 불순물을 제거한 후, 16시간 침지한다.

② 물빼기 : 불린 쌀을 체에 밭쳐서 1~2시간 물기를 제거한다.

③ 분쇄 : 분쇄기로 멥쌀을 분쇄하여 쌀가루로 제조한다.

④ 죽 만들기 : 쌀가루와 물(6ℓ)을 혼합하여 죽을 만든 후 냉각시킨다.

⑤ 1단 담금 : 죽과 누룩(600g)을 혼합하고 항아리에 넣은 후, 광목천으로 덮고 25℃에서 3일간 발효시킨다. 특히 발효가 원활하게 일어나도록 아침·저녁으로 1회씩 저어준다.

⑥ 2단 담금 : 찹쌀고두밥(6.0kg)을 세미하고 쪄 고두밥을 제조한 후, 1단 담금한 항아리에 찹쌀을 넣고 7일 이상 발효시킨다.

⑦ 여과 및 저장 : 발효가 끝난 술덧을 광목천 또는 규조토를 사용하여 여과한 후, 4℃에서 저장하여 필요 시 음용한다.

1) 1단 담금 공정

01 멥쌀 | 02 세미 및 침지 | 03 물빼기 | 04 쌀가루 | 05 죽 제조 | 06 발효제 첨가

07 항아리 담기 | 08 밑술 발효(3일)

ㄹ) 2단 담금 공정

01 찹쌀 ｜ 02 세미 및 침지 ｜ 03 물빼기 ｜ 04 찌기 ｜ 05 덧밥 넣기
06 덧술 제조 ｜ 07 덧술 발효 ｜ 08 항아리 발효(7일)

03 | 석탄주

석탄주는 애석할 '석(惜)', 삼킬 '탄(呑)' 자를 사용한 이름으로 '향기와 달기가 기특해 입에 머금으면 삼키기가 아깝다' 는 뜻을 지녔으며, 『임원십육지』, 『음식방문』, 『조선무쌍신식요리제법』 등의 고문헌에 수록돼 있다. 알코올 함량이 13~15% 정도이며, 일반 술에 비해 당도가 2배 가까이 높아 송편, 한과, 고기찜류 등의 음식과 잘 어울리며 여성들이 마시기에도 적합하다.

재료
멥쌀 1kg, 찹쌀 5kg, 누룩 400g

제조방법
제조법은 멥쌀 1kg을 깨끗이 씻어 3시간 물에 담갔다가 2시간 물기를 뺀 뒤 곱게 가루를 낸다. 그리고 물 5.2ℓ를 넣고 약 30분간 죽을 쑤어 식힌 다음 체로 친 누룩가루 400g를 섞어 버무려둔다. 여름에는 3일(봄가을 5일, 겨울 7일) 후 찹쌀 5kg을 쪄서 차게 식혀 밑술과 합해 항아리에 담는다. 7일 후면 단맛과 쓴맛이 잘 어울린 석탄주를 맛볼 수 있다.

01 멥쌀을 3시간 침지 후 물빼기 | **02** 고두밥 식히기 | **03** 누룩가루

04 5일 정도 발효(밑술 완성) | **05** 찹쌀 5kg을 쪄서 식힌 뒤 밑술과 합해 7일간 발효 | **06** 여과하여 음용

04 | 창포입욕술

- 창포는 식물 자체에 독특한 향이 있어 민간요법 차원에서 단오(端午)의 세시풍속으로 머리감는 데 사용하여 왔다.
- 선조들의 풍습에 착안하여 항균성과 방향 물질이 있는 창포를 이용한 바디케어 제품인 입욕술 제조기술 개발(2010)
- 창포 특산 지역의 새로운 소득 자원으로 활용 가능 : 관광상품, 체험 컨텐츠 등
  - 창포발효제(21,200원/4kg) → 입욕술 제조(120,000원/9ℓ)

재료

창포 잎 800g(건조 잎 분말 200g), 천궁 120g, 당귀 120g, 건조 효모 20g, 개량누룩 120g, 쌀누룩 400g, 일반미 4kg(팽화미 3.5kg), 구연산 15g, 음용수(수돗물은 끓여 식힌 물) 8ℓ

기구 : 15ℓ 용기(유리병, pet병, 도자기 등), 망사천(광목) 자루(30 X 80cm)

제조방법

① 일반미 4kg을 흐르는 물에 깨끗이 세척하여 약 3시간 물에 불린 후 1시간 정도 스텐 망사그릇에서 물빼기를 한다.
② 시루에 넣고 고두밥을 쪄서(수증기가 쌀 위로 많이 나온 시간부터 40분간 찐다) 3분 정도 뜸을 들인 후 30℃ 정도까지 식힌다.
③ 고두밥을 찌는 동안에 술에 들어가는 재료들을 전처리한다. 생창포 잎은 칼로 무채 크기만큼 잘게 썰고, 천궁, 당귀는 분쇄기에 넣고 가볍게 좁쌀 크기로 분쇄한다.

④ 깨끗이 세척하여 말린 발효 용기에 ③의 재료를 고두밥과 함께 넣고 잘 혼합하여 발효제(누룩, 쌀누룩, 효모)를 넣고 준비된 음용수(지하수, 수돗물은 끓여 식힌 후 사용)를 넣고 고루 저어준 다음 뚜껑을 비닐로 덮어 이쑤시개로 구멍(핀 홀)을 10개 내외로 뚫어준다.

⑤ 20~25℃ 실온에서 약 6일간 발효시킨다.

☞ 발효를 시작한 첫날은 하루에 3번 정도 위아래를 저어준다. 그 다음날부터는 발효에 의해 잘 혼화되므로 저어주지 않아도 된다.

⑥ 발효가 끝나면 윗물이 맑게 되므로 이때 망사자루(광목자루)에 가볍게 누르면서 걸러준다.

☞ 거른 입욕술은 약간 혼화하므로 냉장고에(10℃±2) 넣어 약 3~4일 숙성시킨 후 윗물만 다시 떠서(종이로 거른다) 입욕술로 사용

☞ 사용량은 1ℓ 입욕술에 40℃ 온수 약 70ℓ를 가하여 입욕

⑦ 남은 술은 750㎖ 유리병에 넣어서 마개를 하고, 80℃에서 15분 정도 열탕 살균하여 보관(약 6개월 보관 가능)

· 미량의 알코올(0.13%)은 피부에 흡수되어 신진대사를 쉽게 함
· 미량의 알코올이 땀샘과 모발에 낀 때를 잘 녹여냄
· 술 속의 풍부한 창포와 자연발효물질이 피부에 보습과 영양공급 효과
· 잠자기 전의 술 목욕은 체온이 유지되므로 숙면을 통한 피로회복 촉진

01 고두밥, 천궁, 당귀 | 02 창포분말 | 03 발효제 | 04 음용수 | 05 발효 | 06 완성

05 | 농가형 주먹누룩

- 누룩 틀 없이 손으로 꾹꾹 주물러 주먹 모양으로 빚으므로 시간과 노동력을 획기적으로 절감할 수 있는 장점이 있다.
- 농촌체험마을의 체험프로그램으로 활용하면 어린이나 어른 모두가 즐길 수 있고 우리 술에 대해 배울 수 있는 기회가 된다.

재료
통밀 2kg, 비닐, 분무기

제조방법
① 통밀 쌀 2kg을 분쇄한 후(2회 분쇄) 깨끗한 물 600~700㎖를 뿌려 비닐로 덮고 1시간 정도 방치해둔다(이때 물이 통밀에 골고루 퍼지게 되어 성형이 용이하게 된다).
② 손을 깨끗이 씻은 뒤(혹은 비닐장갑을 끼고) 성형을 한다. 성형할 때는 두 손으로 꼭 쥐어서 달걀 모양으로 되게 한다(축축한 물기로 인해 서로 붙는 성질이 생겨서 성형이 잘된다. 손으로 꼭 쥐어서 물기가 빠져나올 정도이면 물의 양이 많은 것이므로, 손으로 꼭 쥐었을 때 물기가 빠져나오지 않을 정도이면서 서로 잘 붙는 정도가 수분 함량이 가장 알맞다. 이를 잘 조절해야 한다).

③ 겨울철 띄울 때에는 스티로폼 상자를 사용한다. 상자 내 바닥에 깨끗한 짚을 깔고 그 위에 어성초, 뽕잎, 쑥(3가지 다 넣어도 좋고 어느 한 가지만 넣을 때에는 주로 쑥을 넣는다)을 깔고 성형된 누룩을 놓은 뒤 위의 약초 부스러기들로 가볍게 감싸 준다. 여름철에는 두꺼운 종이 재질의 과일 상자를 사용하면 좋다. 상자 윗부분을 개방해 놓고 실내에서 약 20일간 띄운다. 장마철이 지나면 하루 동안 햇볕에 말린 뒤 다시 실내에서 띄운다. 온도계를 넣어 상자 내의 온도가 30℃ 내외가 되는지 확인한다. 자주 환기를 시켜주어서 주먹누룩의 표면이 마르도록 해야 한다(그래도 속은 수분이 있다).

④ 다 띄운 후 냉장실에 보관하면서 술을 빚기 3일 전에 법제를 하면서 사용한다. 약 6개월간 사용 가능하다. 법제 방법은 절구로 분쇄하여 3일간 밤낮으로 밤이슬과 햇볕을 교대로 맞게 해주면 누룩취, 곰팡이 냄새 등을 제거할 수 있다. 비를 피해야 한다. 이 누룩을 사용해서 술을 빚을 때에는 쌀 원료의 10%가량 첨가한다. 예를 들어 고두밥을 10kg 찌면 누룩의 첨가량은 1kg 정도이다.

띄우기 전   30일 후 누룩곰팡이의 번식

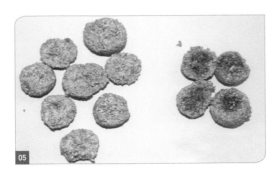

01 분쇄통밀 물에 축이기 | 02 달걀 모양으로 성형 | 03 스티로폼 상자에 담음
04 약 20일간 띄움(뚜껑 개방) | 05 완성 누룩 정상(좌), 부패(우)

06 | 누룩 틀로 빚는 누룩

재료

통밀 1kg, 쑥 약 100g, 볏짚 약 100g

준비물

분쇄기(또는 절구나 맷돌), 분무기, 누룩 틀, 광목천 60×60㎝, 온도계

제조방법

① 밀을 선별한다. 밀은 알갱이가 굵고 충실한 것을 이용한다.

② 통밀 1kg을 거칠게 분쇄한다.

③ 거칠게 분쇄한 후 깨끗한 물 약 250㎖을 분무기로 뿌린다.

④ ③을 비닐로 덮은 뒤 1시간 정도 두어 수분이 통밀 사이로 골고루 침투하도록 한다.

⑤ 수분이 적당한지 확인한다(두 손으로 꼭 쥐어서 물기가 빠져나오지 않을 정도이면서 서로 잘 붙는 정도가 수분 함량이 가장 알맞다).

⑥ 누룩을 성형한다. 즉, 누룩 틀에 광목을 깔고 물에 축인 통밀을 테니스공 크기로 둥글게 만들어 누룩 틀 4개의 모서리에 각각 채워 넣는다. 이보다 1/2 정도 크기로 1개 만들어 누룩 틀 가운데를 채운 뒤 광목으로 위를 감싼 후 끝을 감아서 또아리를 튼다. 또아리 튼 부분을 한쪽 발뒤꿈치로 밟고 이를 축으로 하여 나머지 한발 뒤꿈치로 360도 돌아가면서 골고루 밟는다(원래 30분 정도 밟아야 한다. 단단하게 밟아야 누룩 속의 수분이 쉽게 증발되지 않아 누룩곰팡이가 오래도록 증식 활동을 할 수 있다. 그러나 누룩 속의 수분이 너무 많게 되면 세균이 증식하여 속이 썩게 되므로 이 또한 주의하여야 한다).

⑦ 누룩 띄우기

 – 스티로폼 상자에 띄우는 방법 : 스티로폼 상자(또는 두꺼운 종이나 스티로폼 재질의 과일 상자) 바닥에 깨끗한 짚과 쑥을(쑥 대신 어성초, 뽕잎, 솔잎 등을 넣어도 된다)을 깔고 성형된 누룩을 놓은 뒤 위의 약초 부스러기들로 가볍게 감싸준다. 스티로폼 박스 내 온도는 약 30℃ 내외로 한다. 실내에서 보일러 온돌 바닥에 스티로폼 상자를 놓고 상자 뚜껑을 약 3cm 정도 개방해 놓고 약 20일간 띄우면 대체로 잘 띄워진다. 단, 하루에 한 번씩 누룩을 뒤집어 위치를 바꿔준다. 즉, 제일 아래에 있는 누룩은 제일 위로 올리고, 제일 위의 누룩은 아래로 옮긴다. 뒤섞기와 위치 교환을 해주지 않으면 누룩이 잘 썩는다. 누룩 띄우는 과정에서 1개 정도는 반을 쪼개어 누룩의 부패 여부를 확인해야 하며 그 결과를 보면서 온습도를 조절해야 한다. 겨울에는 실내의 아랫목에서 약 21일간 띄운다. 누룩은 말려가면서 띄운다고 생각하면 된다. 다 띄운 후 서늘한 곳에 수분이 날라가도록 말린 후 콩알 크기로 분쇄하여 밀폐용기에 담아 냉장실에 보관한다.

 – 겨울철 전기장판을 이용하는 방법 : 전기장판 온도를 적당히 맞추고 짚을 깐 뒤 누룩을 올려놓는다. 다시 누룩 위를 짚으로 덮고 얇은 담요로 전기장판 전체를 감싸준다. 담요 내 온도는 약 30~33℃ 내외로 한다. 하루에 한 번씩 누룩 뒤집기와 위치 교환을 해준다. 즉, 누룩을 동전 뒤집듯이 한 번씩 앞면과 뒷면을 뒤집고, 제일 아래에 있는 누룩은 위로 올리고, 위의 누룩은 아래로 옮긴다. 누룩 뒤집기와 위치 교환을 해주지 않으면 누룩이 잘 썩는다. 누룩 띄우는 과정에서 1개 정도는 반을 쪼개어 누룩의 부패 여부를 확인해야 하며 그 결과를 보면서 온습도를 조절해야 한다. 그 후의 방법은 위와 동일하다.

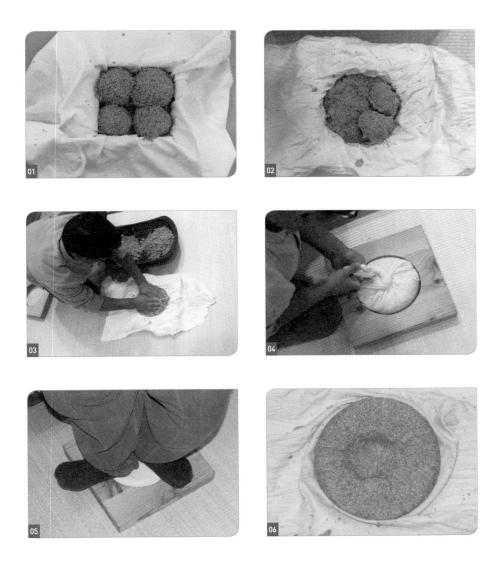

01 통밀 축인 것을 공 모양으로 뭉친 후 누룩 틀 모서리에 넣기 | 02~03 퍼뜨린 후 통밀을 중앙에 하나 더 얹기
04 광목 끝을 말아 또아리 틀기 | 05 골고루 밟기 | 06 가운데가 푹 패도록 성형하기

07 | 쌀누룩

- 쌀누룩(입국)은 온도와 습도 조절이 가능한 밀폐된 국실(麴室 : 쌀누룩을 제조하기 위해 온도와 습도 조절이 가능하도록 특별이 제작된 방)이 있어야 가능했다. 하지만 전기장판과 지퍼백을 활용하면 가정에서도 소량의 입국 제조가 가능하다.
- 쌀누룩(입국)은 막걸리 제조 및 본 책자에 소개한 순무발효액, 간편 고추장 제조 등에 반드시 필요한 재료이므로 만드는 방법을 익히면 여러모로 활용할 수 있다.

재료
쌀 1kg, 황국균 또는 백국균 종국 0.3g

제조방법
① 쌀 1kg을 흐르는 물에 깨끗이 씻고 4시간 정도 물에 불려 2시간 물빼기를 한 다음 40~60분 동안 고두밥을 찐다.
② 고두밥을 풀어헤쳐 체온보다 높게 느껴질 때까지 식힌다. 온도계를 이용해 40℃로 맞추면 더욱 좋다. 광목천을 깔고, 백국 또는 황국균 종국 0.3g 정도를 고두밥에 골고루 흩뿌리고 밥알 전체에 골고루 묻도록 충분히 비벼준다. 고두밥을 찔 때 사용했던 광목천에 다시 옮겨 담는다.
③ 이 보자기를 만두처럼 보쌈하여 지퍼백(大)이나 비닐백에 싸서 과일 상자에 넣은 뒤 과일 상자 윗부분은 개방시킨다. 바닥에 전기장판을 깔거나 보온을 하여 비닐백 내부의 온도가 35℃ 이상이 되도록 한다.

④ 지퍼백의 잠금 장치를 이용하여 내부의 수분을 조절한다. 지퍼백 내부의 수분이 너무 많으면 고두밥이 짓무르게 되고 세균 오염이 되기 쉬우므로 이때는 지퍼백에서 꺼내어 띄운다. 지퍼백 내의 온도가 35℃ 이상이 유지될 수 있도록 보온해준다.

⑤ 뒤집기 요령 : 입국 제조 후 12시간 정도 지나면 품온이 상승하며(40℃ 내외로) 서로 엉겨 붙은 상태가 된다. 이때 손을 깨끗이 씻고, 손바닥을 이용하여 입국을 잘 부스러뜨려서 다시 낱알의 형태가 되도록 하며 동시에 입국의 품온도 내릴 수 있는 효과가 있다. 이때, 입국의 수분이 많은지 적은지 확인해준다. 수분이 많은 상태이면 신속히 건조시키고 짓물러진 밥알은 버린다.

⑥ 뒤집기 시간은 입국의 품온에 따라 달라질 수 있다. 일반적으로, 황국균은 띄운 지 12~16시간 후 1차 뒤집기를 하며, 1차 뒤집기 7~8시간 후 이와 같은 작업을 다시 반복해준다. 그 후 15~16시간 후면 입국이 완성된다. 백국균은 띄운지 20~24시간 후 1차 뒤집기를 하며, 1차 뒤집기 5~6시간 후 이와 같은 작업을 다시 반복해준다. 그 후 8~10시간 후면 입국이 완성된다.

⑦ 건조 : 50℃에서 24시간 건조한 후 냉장 보관하면 6개월간 사용할 수 있다.

· 황국균 입국 제조 : 내부 온도 30~35℃일 때 띄우기(황국균 접종) ▶ 1차 뒤집기(12~16시간)
                ▶ 2차 뒤집기(19~22시간) ▶ 출국(34~38시간)
· 백국균 입국 제조 : 내부 온도 30~35℃일 때 띄우기(황국균 접종) ▶ 1차 뒤집기(20~24시간)
                ▶ 2차 뒤집기(25~30시간) ▶ 출국(33~38시간)

01 쌀 씻기 및 침지(4시간) | 02 물빼기(2시간) 후 증기솥에 담아 쌀 찌기(40분~1시간) | 03 식힌 후 보쌈하기

04 지퍼백에 담기(내부 온도 30~35℃) | 05 온도가 올라가면 입국을 다시 비비기 | 06 5~6시간 후 2차 뒤집기

07 입국 완성 | 08 건조(50℃, 24시간)

PART III. 와인

단맛이 있는 과일이면 무엇이든 와인을 만들 수 있으며, 과일을 담을 용기만 있으면 누구나 만들 수 있는 것이 와인이다. 우리 주위에는 다양한 과채류가 있으며, 이러한 우리 농산물을 이용하여 얼마든지 고품질의 와인을 만들 수 있다. 2011년도 우리술 품평회에서 토마토로 만든 화이트와인이 장려상을 수상한 것은 아이디어와 노력의 대가라고 평가할 수 있다. 이 책자를 보고 와인을 한번 담아본다면, 우리 주위에서 구할 수 있는 다양한 과일이나 채소를 이용하여 자기만의 독특한 와인을 빚을 수 있을 것이다.

01 | 포도와인

일반적으로 포도를 생과로 섭취하게 되면 껍질이나 씨는 버리게 된다. 기능성성분 섭취라는 관점에서 본다면, 좋은 성분은 대부분 버린다는 결론이다. 그런데 포도주를 담아서 마시게 되면 포도가 발효하는 동안 껍질이나 씨에 들어 있는 다양한 폴리페놀성 물질들이 포도주의 알코올에 의하여 추출된다. 따라서 포도의 유용한 성분을 섭취하려면, 포도를 생과로 먹는 것보다는 포도주를 담아서 마시는 것이 훨씬 유리하다고 할 수 있다.

재료
봉지재배를 한 깨끗한 포도 5kg, 설탕 600g

제조방법
① 약 5ℓ 되는 항아리나 유리병을 깨끗이 씻어둔다.
② 포도 알맹이를 따서 유리병에 넣고 포도를 가볍게 으깬다. 너무 심하게 으깰 경우 포도 껍질이 뭉그러져 포도주가 혼탁해질 수 있다. 포도 알이 터질 정도로만 가볍게 으깨는 것이 중요하다.
③ 설탕은 포도의 당도에 따라 달라지는데 일반적으로 국내에서 생산되는 포도의 당도를 12°Brix 정도로 보고 단맛이 없는 포도주를 만들려면 포도 5kg에 대하여 설탕 약 600g을 준비하면 된다.
　※ 설탕의 양을 700~800g 넣어주게 되면 발효 후 잔당이 남기 때문에 단맛이 있는 포도주를 만들 수 있다.

④ 설탕을 넣고 서늘한 곳에 놓아두면 하루 정도 지나 발효가 시작되는데 이때 포도 껍질이 발효액의 위쪽으로 떠오르게 되므로 매일 2회씩 포도껍질을 발효액에 침용시켜, 포도 과피로부터 유용 물질의 용출을 촉진시킨다.

⑤ 발효 시작 후 약 5~7일 정도 지나면 발효가 잦아지는데, 이때 여과망을 이용하여 압착함으로써 미숙성 포도와인을 얻을 수 있다.

⑥ 압착한 포도와인의 맛은 매우 거칠고 단맛도 조금 있는데 이것을 주둥이가 좁은 병에 담고 서늘한 곳에 놓아두면 바닥에 침전물이 생긴다.

⑦ 발효가 거의 끝나고 바닥에 침전물이 생기면 맑은 상등액의 포도주를 다른 병으로 조용히 옮긴다.

⑧ 다른 병으로 옮긴 포도주를 서늘한 곳에 2~3개월 이상 숙성시키면 포도주가 완성된다.

· 당을 많이 첨가할 경우, 발효가 지속적으로 일어날 수 있으므로 공기가 빠져나갈 수 있게 뚜껑을 조금 열어두어야 한다.

· 포도를 으깰 때 믹서기를 이용하면 안 된다. 포도껍질의 섬유질 때문에 포도주가 혼탁해진다.

· 또한 포도를 으깰 때 폴리페놀 성분의 산화 방지를 위해 아황산염을 처리하는 것이 보통이지만, 술을 빚어 6개월 이내에 소비할 거라면 아황산염을 처리하지 않고 빚어도 된다. 단 아황산염을 처리하지 않았다면 발효 후 공기의 유입을 최대한 막아 폴리페놀의 산화를 방지해주어야 한다.

· 발효통에는 원료의 양이 7부 이상 넘지 않게 하고, 뚜껑은 공기가 빠져 나갈 수 있게 해야 한다. 발효 중에 많은 양의 이산화탄소가 생기면서 포도가 부글부글 끓어 넘치는 경우가 종종 발생하기 때문이다.

01 원료 | 02 다듬기 | 03 종이 줄기 제거 | 04 으깨기 | 05 발효 중

06 압착 | 07 앙금 분리 | 08 포도와인

02 | 복분자와인

- 복분자는 7월경 여름에 수확되어 냉동 보관되었다가 유통되므로 사시사철 이용할 수 있는 와인 원료이다.
- 복분자는 신맛을 내는 유기산과 붉은 색소를 나타내는 안토시아닌이 다량 함유되어 있어, 희석해주어야 마시기에 적당한 신맛과 색도를 맞출 수 있다.

재료

복분자 1kg, 설탕 800g, 효모 1g, 아황산염 1g

제조방법

① 복분자 1kg을 5ℓ 광구 유리병에 넣고 물 2ℓ를 가수한 다음 설탕을 800g을 넣고 복분자를 으깨면서 설탕을 녹여준다. 복분자를 으깰 시 아황산염 1g을 골고루 뿌려가며 섞어준다.

☞ 복분자는 여름에 수확하기 때문에 잡균이 쉽게 오염될 수 있다. 복분자주는 포도주와는 달리 복분자 과육에 있는 부적합 미생물의 생육을 억제시키고 와인 발효를 유도하기 위하여 효모를 넣어주는 것이 유리하다.

☞ 복분자와인 발효 시 물을 첨가하게 되면 과즙의 영양 균형이 깨지므로 효모의 원활한 생육을 위해서 효모 영양제를 넣어주는 것이 좋다. 효모 영양제는 복분자 발효액 3kg에 대하여 1.5g을 넣어주면 된다.

② 만들어진 복분자주에 효모 1g를 넣고 25℃에서 발효시킨다. 효모를 넣고 하루 정도 지나면 발효가 시작되는데 발효 시 다량의 탄산가스가 발생되므로 뚜껑을 반 바퀴 열어두어 공기가 빠져나가게 한다.

③ 발효 중 매일 2회씩 아침, 저녁으로 뒤집어주어 복분자 색소 용출을 용이하게 해 준다.

④ 복분자 발효는 포도보다 느린데 약 5~7일 정도 지나서 거름망을 이용해서 압착을 해주면 발효가 진행 중인 복분자즙을 얻을 수 있다. 압착 시기를 반드시 발효가 완료된 다음 할 필요는 없다. 너무 오래 두었다가 압착하면 과육이 죽처럼 되어 압착하기에 오히려 좋지 않다.

⑤ 압착 후에도 잔당에 의해 발효가 일어나므로 뚜껑을 조금 열어두어 공기가 반드시 빠져나갈 수 있게 해야 한다.

⑥ 기포가 더 이상 생기지 않고 침전물이 바닥에 가라앉는다는 것은 발효가 완료된 것을 말하며, 이때 사이폰을 이용하여 맑은 상등액을 병목이 좁은 용기에 옮겨 담는다. 이런 조작을 3개월마다 1~2회 더 하게 되면 맑고 깨끗한 복분자와인을 얻을 수 있다.

⑦ 복분자와인 숙성 시 산화 방지를 위하여 가능한 공기 접촉을 피해야 하며, 오랫동안 보관하기 위해서는 침전물을 제거한 복분자 와인 2ℓ에 아황산염을 0.2g 넣어 주는 것이 좋다.

01 냉동된 복분자를 해동 후 손으로 으깨 설탕 첨가 | 02 물을 넣어 설탕을 녹인 후 효모 첨가 | 03 25℃에서 발효
04 발효 시 과피 떠오름 | 05 하루 2번 발효액 섞기 | 06 층 분리 | 07 거름망으로 발효액 분리 | 08 잔당 발효

03 | 오디와인

오디는 5월 말에서 6월 초순경 수확하는데, 장마가 오기 전에 수확된 것이 당도가 높고 향기가 진하다. 오디에는 다량의 시아니딘계 안토시아닌 색소를 함유하고 있어 붉은 색깔을 띤다.

재료

오디 2kg, 설탕 1kg, 아황산염 1g, 효모 1g

제조방법

① 오디 2kg을 맑은 물에 깨끗이 씻은 다음 채반에 받쳐 물기를 제거하고 광구 유리병에 넣는다.

② 유리병에 담은 2kg의 오디에 설탕 1kg을 넣고 오디를 으깨면서 설탕을 섞어주고 물 2ℓ를 넣는다.

☞ 이때 오디의 갈변을 방지하고 잡균의 오염을 방지하기 위하여 아황산염을 1g 넣어주는 것이 좋다.

☞ 오디는 쉽게 물러지며 초산균이 자라기 쉬우므로 맛있는 와인을 만들기 위해서는 과일주 양조용 효모를 1g 정도 넣어주는 것이 좋다.

③ 효모를 넣고 하루 정도 지나면 발효가 시작되는데, 발효 시 다량의 탄산가스가 발생되므로 뚜껑을 반 바퀴 열어두어 공기가 빠져나가게 한다.

④ 발효 중 매일 2회씩 아침, 저녁으로 뒤집어주어 오디의 색소 용출을 원활하게 하며, 발효 5~7일 뒤에 압착하면 된다.

⑤ 압착 후에도 잔당에 의해 발효가 일어나므로 뚜껑을 조금 열어두어 공기가 반드시 빠져나갈 수 있게 해야 한다.

⑥ 압착 후 약 10일 정도 지나면 효모나 기타 과육의 파편들이 유리병 바닥으로 가라앉게 되는데 이때 사이폰을 이용하여 맑은 상등액만 페트병에 옮겨서 숙성시킨다.

⑦ 숙성은 서늘한 곳이 좋으며 가능한 공기의 접촉과 형광등, 햇볕 등을 피할 수 있는 곳에 보관하는 것이 좋다. 약 3개월 정도 숙성시키면 거친 맛이 사라지면서 풀 내가 풍부한 오디와인을 즐길 수 있다.

01 아황산염을 뿌리며 손으로 으깬 후 설탕 첨가 ┃ 02 물 넣어 설탕을 녹인 후 효모 첨가 ┃ 03 20~25℃에서 발효

04 탄산가스가 생겨 발효 ┃ 05 하루 2번 발효액 섞기 ┃ 06 즙 분리 ┃ 07 거름망으로 발효액 분리 ┃ 08 잔당 발효

PART IV. 식초

식초는 동서양을 막론하고 오랜 역사를 지닌 발효식품이다. 예부터 식품의 맛을 돋우는 조미 재료로 식초를 널리 이용하여 왔으며 건강과 미용을 위하여 식초를 활용하기도 하였다. 여기에서도 현미식초, 사과식초 및 감식초 등을 간단하게 제조할 수 있는 공정을 알아보기로 한다.

01

식초이야기

식초는 특유의 향을 가진 신맛의 액체로 술에서 탄생한 발효식품이자 조미료로, 술에서 만들어지는 특성 때문에 세계 각국을 대표하는 명주가 그 나라를 대표하는 식초를 탄생시킨 모태가 되기도 한다. 좋은 식초를 만드는 첫 걸음은 좋은 재료를 엄선하고 정갈한 마음으로 초산균의 먹이인 술을 빚는 것이다. 발효가 끝난 후 일정기간의 숙성을 거쳐야 제대로 된 식초가 탄생하게 된다.

동양에서는 3천 년 전경부터 식초를 이용하여 왔으며 과일을 이용한 서양과 달리 주로 곡류를 발효시킨 식초가 발달하였다. 특히 중국인들은 3,000년 전 쌀 식초를 제조하였고, 대표적인 농서인 '제민요술'에도 붉은색, 갈색, 검은색 등 다양한 식초에 대한 기록이 있다.

중국의 4대 식초는 산시의 노진초(老陳酢), 강소의 진강향초(鎭江香酢), 사천의 보녕초(保寧酢), 복건의 영춘노초(永春老酢)로 지방별로 독특한 맛을 제공하고 있다. 일본인들도 오래전부터 고대 중국에서 전래된 제조법을 이용하여 쌀을 기본 재료로 한 식초를 만들어 이용, 특히, 현미식초인 '흑초'는 건강식품으로 각광을 받고 있으며, 다른 식초와 비교해 아미노산 등 몸에 좋은 성분이 풍부한 것으로 알려진다.

우리나라 식초의 기원은 정확히 알 수 없으나, '삼국지'에 고구려인들이 양조하기를 즐겼다는 기록으로 보아 이때를 그 기원으로 추정, 단군조선부터 고려까지의 역사를 서술한 '해동역사'(海東繹史)에 따르면 고려시대에 식초가 음식 조리나 약용으로 사용하였으며, '산가요록', '산림경제', '임원십육지', '지봉유설', '해동농서', '농정회요', '색경', '규합총서' 등 고문헌에 식초 제조법이 다양하게 소개되었다. 조선시대 식초 제조에는 누룩과 유사한 역할을 하는 '고리(古里)'라는 발효제가 사용되었으며, 이것이 첨가되면 식초 발효가 안정적으로 된다.

발효식초는 원료에 따라 동양에서 많이 이용하는 곡물식초와 서양에서 주로 이용하는 과실식초, 그리고 주정식초로 구분하며 각각 독특한 향미를 지니고 있다.

우리나라의 막걸리 식초, 일본의 흑초, 이탈리아의 발사믹 식초 등은 모두 자연발효기법에 의해 만들어진 식초이다.

식초의 신맛은 입맛을 돋워 주어 영양불균형과 탈수를 예방해주기 때문에 여름철 요리에 많이 이용되고 있으며, 소스나 드레싱이 지역의 특성에 따라 발달되어 왔다. 약용으로도 이용되어 온 식초는 피로회복과 소화를 돕고, 비타민과 유기산, 아미노산이 풍부하여 건강에 좋다는 것이 증명되고 있다. 또한, 생활 속에서 손맛의 비방으로, 세척하고 살균하는 용도나 유기농업과 도시농업 등에서 농자재로도 이용되고 있다.

02

식초 제조 기술
- 제대로 된 식초가 만들어지기까지 -

    좋은 식초를 만들기 위해서는 좋은 재료를 엄선하고 정갈한 마음으로 술을 빚어 발효시킨 후 숙성까지 충분한 과정을 거쳐야 한다.
    제대로 된 식초를 만들기 위한 기술을 알아보자.

제조방법

① 우선 항아리를 안팎으로 잘 닦은 다음, 원료인 씻은 쌀을 불려놓았다가 쪄서 고두밥을 만든다.

    ※ 식초를 담글 때의 용기는 반드시 항아리(옹기), 도자기, 유리 등을 써야하며 플라스틱, 금속제품은 맛이 변하기 때문에 사용하면 안된다.

② 고두밥에 담금수를 붓고 누룩(麴子)을 넣어 25℃에서 7일 동안 발효시켜서 막걸리를 만든다.

③ 막걸리가 다 익으면 체에 걸러 도수(알코올 함량)를 확인하고 6% 내외 정도면 식초를 만들 항아리에 옮겨 담아 초산균을 첨가한다. 첨가하는 초산균은 종초(種酢, 씨식초)라 하여 별도로 준비한 초산균주를 뜻하나 옛날에는 이전에 담가 두었던 맛 좋은 식초를 첨가하였다.

④ 25~30℃에서 45일 정도 발효시킨 후 적당하게 발효가 되었으면 이를 여과하여 최종 식초항아리에 담아 일정기간 숙성, 보통 2~3개월 정도가 필요하며 숙성기간 중 초산 특유의 자극성냄새가 줄어들고 재료 특유의 향과 식초의 맛이 부드러워진다.

숙성기간이 끝나면 잡균이 번식하지 못하도록 잘 세척된 항아리를 이용하거나 일반 가정에서는 유리병 등에 나누어 담아 냉장고에 보관하도록 한다.

03

현미식초

현미로 지은 고두밥에 누룩과 물을 넣어 발효시켜 만든 양조식초로 현미에 들어 있는 각종 영양소뿐만 아니라, 발효되면서 생긴 유기산, 아미노산 등이 풍부하게 포함된 건강식품이다. 또한 흑초는 보통 현미를 1년 이상 발효시켜 만든 식초를 말하며, 긴 발효ㆍ숙성 기간을 거치면서 짙은 색의 식초가 만들어지는 것인데, 신맛은 약하고 적당한 단맛과 향을 지니고 있어 그대로 마셔도 부담스럽지 않다.

재료

현미, 누룩, 종초(초산균), 항아리, 광목천, 유리병 등

제조방법

01 쌀 씻기 및 담그기 : 현미(1kg)를 깨끗이 씻어 불순물을 제거한 후, 16시간 침지한다.

02 물빼기 : 불린 현미를 체에 밭쳐서 1~2시간 물기를 제거한다.

03 찌기 : 증미기로 약 50분 정도 찐 후, 고두밥을 넓게 펼쳐 식힌다.

04 알코올 발효

1) 항아리에 누룩 100g(현미의 10%)와 물 1.6l(160%)를 혼합한 후, 고두밥 1kg과 주모 50g(5%)를 넣고 광목천으로 덮고 뚜껑을 덮는다.

2) 발효를 원활하게 진행이 되도록 처음 2~3일간은 1회씩 저어준다.

3) 25~30℃에서 20일간 발효시킨 후, 발효액을 여과하여 70℃에서 10초간 살균한다.

05 초산발효

1) 발효액의 알코올 도수를 6%로 제성한다.

2) 제성한 발효액과 종초(초산균 배양액 10%)를 항아리에 넣고 30℃에서 정치 배양한다. 이때 초산균의 산막이 형성되어도 계속 발효시킨다.

06 여과 및 저장

1) 광목천으로 여과한 후 4℃의 냉암소에서 숙성시킨다.

2) 숙성시킨 식초를 규조토를 사용하여 여과를 한 후, 유리병에 넣고 60℃에서 30분간 살균한다.

3) 서늘한 곳에서 보관하면서 사용한다.

・현미 ▶ 세미·침지 ▶ 물빼기 ▶ 찌기 ▶ 냉각 ▶ 알코올 발효 ▶ 여과 ▶ 초산발효 ▶ 규조토 여과 ▶ 숙성 ▶ 살균 ▶ 저장

만드는 순서

현미

쌀 씻기 및 물에 담그기

물빼기

고두밥으로 찌기

냉각하기

알코올 발효하기

여과하기

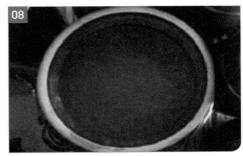

초산 발효하기

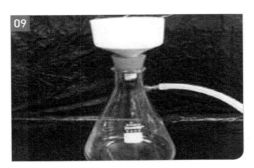

규조토 여과하기

숙성하기

살균하기

병입하기

사과식초

사과를 원료로 알코올 및 초산 발효를 거쳐 사과향이 나는 새콤 달콤한 식초이며, 풍부한 칼륨은 염분의 배설을 촉진함으로서 혈압안정 작용을 한다. 특히, 사과식초에 함유된 구연산으로 피로 회복, 근육통 해소에 뛰어난 역할을 한다.

재 료

사과, 설탕, 종초(초산균), 믹서, 주걱, 항아리, 광목천 등

제조방법

01 마쇄 : 사과(4kg)를 껍질을 벗기고 씨 속을 제거한 후, 믹서로 마쇄한다.

02 가당 첨가 후, 알코올 발효

1) 과즙을 항아리에 70% 정도 채운 후, 설탕(360g)을 24% 가당하고 상온에서 알코올 발효를 시킨다.

2) 광목천으로 덮은 후, 뚜껑을 닫고 산소 공급을 원활히 하기 위하여 하루 1회씩 흔들어준다.

03 여과 및 제성 : 광목천으로 여과하여 발효액과 주박을 분리한 후, 발효액을 알코올 도수 6%로 제성한다.

04 초산 발효

1) 제성한 발효액에 종초(30㎖)를 첨가하고, 상온에서 초산 발효를 시키며 희석한 발효액만큼 물을 추가한다.

2) 초산 발효 후, 산막이 생기면 건드리지 말고 그대로 둔다. 건드리면 산막이 깨져 발효가 늦어진다.

05 숙성, 여과 및 살균 : 서늘한 곳(4℃)에서 2~3개월간 숙성시킨 후, 광목천 또는 규조토를 사용하여 여과하고, 60℃에서 30분간 가열하여 살균시킨다.

• 사과 ▶ 마쇄 ▶ 가당(설탕) ▶ 알코올 발효 ▶ 압착 여과 ▶ 제성 ▶ 초산 발효 ▶ 숙성 ▶ 여과 ▶ 살균 ▶ 저장

감식초

감을 숙성시켜 만든 식초로 신맛과 더불어 비타민C(70mg/100g)가 풍부하고, 삔 곳, 타박상 등에 마시거나, 동상, 화상, 벌에 물린 데 바르면 효과적이다. 특히, 로이코데르징코시드에는 혈압을 낮추는 작용이 있어 고혈압 예방 및 피로회복에 좋은 발효 음료이다.

재 료

감(연시), 건조 효모, 종초(초산균), 항아리, 광목천 등

제조방법

01 세척 : 빨갛게 익은 연시(3kg)를 세척한 후, 물기를 제거한다.

02 알코올 발효

  1) 씨와 꼭지를 제거한 후, 항아리에 연시(당분 약 18%)를 약 70%가 되게 넣는다.

2) 효모(3g)를 감 1kg당 1g 정도 물에 풀고, 상온(25℃)에서 1개월
정도 알코올 발효를 한다. 항아리 입구를 광목천으로 덮은 후,
뚜껑을 닫고 산소 공급을 원활히 하기 위하여 하루 1회씩 흔들
어 준다.

03 여과 및 제성

1) 발효 술덧을 광목천으로 여과하여 발효액과 주박을 분리한다.

2) 발효액을 알코올 도수 6%로 제성한다.

04 초산 발효

1) 종초(여과액의 약 5% : 50ml)를 넣고 상온(25~30℃)에서 3~6개월 정도 초산 발효를 한다.

2) 초산 발효 후, 산막이 생기면 건드리지 말고 그대로 둔다. 건드려서 산막이 깨어지면 발효가 늦어진다.

05 여과 및 저장

1) 초산 발효가 끝나면 발효액을 광목천 또는 규조토로 여과한다.

2) 유리병에 넣고 60℃에서 30분간 가열하여 살균시킨다.

3) 서늘한 곳에 보관하면서 사용한다.

· 감(연시) ▶ 세척 ▶ 제경 ▶ 파쇄 ▶ 알코올 발효 ▶ 압착 여과 ▶ 초산 발효 ▶ 여과 ▶ 살균 ▶ 저장

06

식초의 효능

식초는 신맛과 독특한 향을 내는 음식의 재료로서의 기능 뿐 아니라 예로부터 약용으로도 이용되었다.

사람이 느낄 수 있는 오미(五味) 중의 하나인 신맛은 초산과 발효과정에서 생성된 유기산 및 유리 아미노산에 의해 결정되는데 '동의보감'의 기록에 의하면 '성질이 따뜻하고 맛이 시며, 독이 없고 옹종을 제거하고 어지러움을 치료하며 징괴와 적을 풀어준다.'고 되어 있다.

※ 옹종은 종기의 일종이며, 징괴는 죽은 피나 나쁜 기(氣)가 엉킨 것으로 아랫배 등에 생기며, 적은 징괴로 인해 생기는 양성종양(혹)을 의미

근육의 피로를 풀어주며, 소화를 돕고, 비타민과 유기산, 아미노산이 풍부하여 건강에 좋다는 것이 현대과학으로도 증명되고 있는데 피로

물질인 '젖산'이 축적되었을 때 식초가 생체 에너지 물질인 ATP를 생성하고 독소를 해독하여 피로를 풀어준다고 보고되고 있다.

유기산은 산뜻한 신맛으로 식욕을 증진시켜 침과 소화액의 분비를 촉진하고 장 운동을 활발하게 만들어 소화활동을 증진시키는 데 활발해진 장의 활동으로 인해 변비증상이 완화되고, 초산에 의한 장내 유해균의 살균작용, 유해 금속이나 발암 물질 등을 흡착 배출작용 등으로 문제성 피부, 아토피를 완화하는 작용을 한다.

식초의 구연산과 아미노산 성분이 체내 노폐물 배출과 지방분해를 촉진하고 신진대사를 자극하여 체내 지방축적을 방지한다. 또한 지방화합물의 생성을 방해하기 때문에 혈관에 지방 등의 이물질이 쌓여 생기는 동맥경화, 고혈압 등을 예방하며 강한 항산화작용으로 백혈구 활동을 활발하게 하여 면역력을 높임으로써 각종 질병에 대한 저항력을 높이며 암 발병확률도 낮춘다. 식초에 포함된 구연산은 칼슘의 흡수율을 높이기 때문에 어린이, 청소년기의 뼈 성장 발육을 좋게 하고, 성인 골다공증도 예방한다.

식초를 이용한 양념장

식초를 이용한 기본양념장으로 초무침장, 초절임장이 있다. 이를 활용하여 맛나는 음식을 만들 수 있다.

• 식초를 이용한 양념장

 미역초무침장, 오이선양념장, 겨자냉채양념장

 향신초절임장, 소금초절임장

한식기본양념장 **초무침장**

식초를 이용한 양념장은 식초의 맛이 중요하다. 식재료를 3배 식초에 담가놓았다가 사용하면 맛이 더 좋다. 향을 위하여 일부에서는 껍질을 제거한 레몬을 통째로 넣는 사람들도 있다. 양념장의 맛은 식초의 새콤함과 단맛이 잘 조화된 맛이라 할 수 있다.

재 료 식초 40g, 다진 마늘 5g, 소금 8g

만드는법 팬에 물과 설탕, 소금을 넣고 잘 녹도록 섞어준 다음 중불에서 끓여준다. 끓으면 다진마늘과 식초를 넣고 다시 한번 끓으면 불을 바로 꺼준다. 양념장은 식혀서 사용한다.

※ 초무침장으로 응용할 수 있는 미역초무침장, 오이선양념장, 겨자냉채양념장이 있다.

> ♨ 채소 400g에 양념장 80g 정도로 버무린다.
> ♨ 초 무침에 쓰이는 식초는 맛이 강한 식초를 많이 사용한다.
> ♨ 식초는 겨자와 같이 사용하면 맛이 부드러워지고 음식에 잘 어울린다.

미역초무침장

초무침소스는 식초와 설탕을 주재료로 만든 양념장으로, 서양에서는 식초 소스를 기름과 식초를 3:1로 넣어 만들기도 한다. 이 양념장은 오이선, 무말이 강회, 수삼선 등 새콤달콤한 요리에 쓰이는 양념장으로 서양에서는 피클개념의 소스이다. 이 양념장과 비슷한 것으로 삼배초라고 하여 식초, 설탕, 다시마물, 간장, 소금을 $1:1:1:1:\frac{1}{3}$ 의 비율로 만들어 사용한다.

재 료

식초 60g, 다진 마늘 5g, 설탕 25g, 소금 3g, 통깨 3g

만드는법

❶ 볼(bowl)에 식초, 설탕, 소금이 잘 녹도록 섞어준다.

❷ 마지막으로 다진 마늘, 통깨를 넣어 완성한다.

▶ 이 양념장은 새콤달콤한 것이 특징이어서 서양의 피클과 비슷하다.

▶ 피클용 향신료를 넣어도 맛이 좋다.

미역초무침

재 료

불린 미역(또는 생미역) 320g, 무 80g, 오이 60g, 미역초무침장 100g

만드는법

01 불린 미역(또는 생미역)은 한 번 데쳐서 찬물에 헹구어 준비한다.

02 준비된 미역에 적당한 크기로 채 썬 무와 곱게 채 썬 오이를 넣고 양념장 100g을 넣어 무쳐서 마무리한다.

오이선양념장

오이선양념장은 우리나라에서 사용되는 단촛물의 개념으로 일부 지방에서는 식초, 설탕, 소금을 3:3:1 비율로 섞어서 만든다. 양배추, 양파 등의 재료에도 사용 가능하다. 이 양념장에는 마늘즙이나 레몬즙, 생강즙을 넣으면 향이 좋은 양념장이 된다. 초절임장과는 달리 끼얹는 개념의 양념으로 식재료의 아삭한 맛을 그대로 느낄 수 있는 장점이 있다.

재 료
식초 40g, 설탕 23g, 소금 5g, 물 15g

만드는법
❶ 볼(bowl)에 물과 설탕, 소금이 잘 녹도록 섞어준다.

❷ ①을 중불에서 끓여준다.

❸ ②가 끓으면 식초를 넣고 다시 한 번 끓으면 불을 바로 꺼준다.

▶ 피클용 향신료나 향신채소를 넣어도 맛이 좋다.

오이선

재 료

오이 400g, 쇠고기 40g, 표고버섯 20g, 달걀 1개, 오이선양념장 80g

만드는법

01 오이를 길이로 반을 갈라 어슷하게 썰어준 뒤, 잠깐 소금에 절였다가 헹구어 3등분으로 나누어 칼집을 사선으로 넣어 준비한다.

02 지단을 부쳐 2cm 길이로 곱게 채썰고 쇠고기와 표고버섯은 2cm 길이로 곱게 채 썰어 불고기 양념을 하여 재워 놓았다가 볶아준다.

03 절였던 오이는 식용유를 약간 두른 상태에서 살짝만 볶아주고 준비한 재료를 칼집 넣은 사이에 넣고 양념장을 위에 끼얹어 완성한다.

겨자냉채양념장

겨자냉채양념장은 식초와 설탕을 주재료로 만든 양념장이다. 자극적인 요리에 곁들이는 양념장으로 중식이나 한식에는 시고 달고 매운 소스를 해파리냉채나 샐러드 등에 많이 사용한다. 냉채 양념장은 마늘, 겨자, 식초, 참기름을 사용하기 때문에 한국사람의 입맛에 잘 맞는다. 겨자를 숙성시켜 사용하면 부드러우면서도 톡 쏘는 맛을 느낄 수 있다.

재 료
식초 30g, 겨자가루 10g, 설탕 15g, 소금 3g, 물 20g

만드는법
❶ 볼(bowl)에 약 40℃의 물을 넣고 겨자가루를 개어서 10분간 발효시킨다.

❷ ①에 식초, 설탕, 소금을 넣고 잘 섞어준다.

▶ 마늘을 칼로 곱게 다져서 넣는 것이 좋다.
▶ 겨자 냉채 양념장에 참기름을 첨가하면 입맛을 돋우어 준다.

해파리겨자냉채

재 료

해파리 400g, 오이 100g, 당근 100g, 맛살 30g, 식초 28g, 설탕 6g,
겨자냉채양념장 80g

만드는법

01 해파리는 찬물에 소금기를 우려낸 다음, 체에 밭쳐 끓는 물을 위에서
   끼얹어준 뒤, 다시 찬물에 헹구고 식초, 설탕으로 밑간해준다.

02 오이, 맛살, 당근은 5cm 길이로 곱게 채 썰어 준비한다.

03 해파리, 오이, 맛살, 당근에 양념장 80g을 넣고 버무려 완성한다.

한식기본양념장 # 초절임장

초절임장은 식초와 설탕을 주재료로 만든 양념장이다. 서양에서는 식초 소스를 기름과 식초를 3:1로 넣어 만들지만, 우리나라 단촛물은 식초, 설탕, 소금을 3:3:1 비율로 섞어서 만든다. 이 양념장은 오이선, 무말이 강회, 수삼선 등 새콤달콤한 요리에 쓰이는 것으로, 서양의 피클 개념과 비슷하다. 이 양념장에는 마늘즙이나 레몬즙, 생강즙을 넣으면 더욱 향이 좋은 양념장이 된다.

재　료 식초 245g, 설탕 204g, 소금 24g, 물 330g

만드는법 팬에 물과 설탕, 소금이 잘 녹도록 섞어준다음에 중불에서 끓여준다. 끓으면 식초를 넣고 다시 한번 끓으면 불을 바로 꺼준다. 뜨거운 양념장을 재료에 부어 활용한다.

> ☙ 채소류 700g에 양념장 800g 정도를 절여 사용한다.
> ☙ 이 양념장은 새콤달콤한 것이 특징이며, 서양의 피클과 비슷하다.
> ☙ 피클용 향신료를 넣어도 맛이 좋다.

향신초절임장

통후추, 식초, 간장이 주가 되는 강한 향의 향신초절임장이다. 다양한 재료와 함께 넣어 편리하게 반찬을 만들 수 있기 때문에 선호되는 초절임장 레시피에 통후추를 더하여 매콤한 향을 주었다. 다양한 재료에 사용이 가능하며 재료에 따라 청양고추, 양파즙, 무즙 등을 더하여 사용한다. 향신료는 방부작용과 산화 방지 작용으로 보호성을 높이고 식욕을 자극해 주어 저장성 음식에 적합하다.

재 료

식초 130g, 간장 170g, 설탕 110g, 통후추 10g, 물 180g

만드는법

❶ 팬에 간장과 설탕, 물이 잘 녹도록 섞어준다.

❷ ①을 약불에 놓고 통후추와 식초를 넣고 살짝 끓여준다.

   ▶ 통후추를 으깨어 사용하면 향이 더 강하지만 국물이 탁해질 수 있으므로 주의한다.
   ▶ 절이는 재료의 수분함량을 고려하여 물을 넣는다.

 양파향신초절임

양파 600g, 풋고추 50g, 홍고추 20g, 향신초절임장 600g

만드는법

01 양파는 먹기 좋은 크기로 썰어준다. 풋고추, 홍고추는 씨를 털어주고
어슷 썰어준다.

02 양념장 600g은 뜨거울 때 양파와 홍고추, 풋고추 위에 부은 뒤 바로
밀봉하여 상온에 하루 정도 보관한 후, 냉장 보관한다. 양파 이외에도
다양한 채소를 절여 먹을 수 있다.

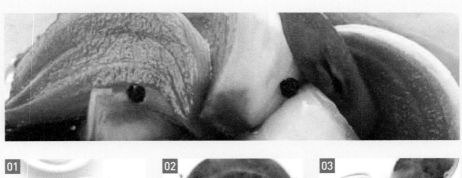

97

소금초절임장

소금 초절임장은 간수를 뺀 천일염의 염도와 식초의 산도가 소금 초절임장의 맛을 좌우한다. 양조 식초대신 사과식초, 포도식초 등 식초의 재료를 달리하면 색다른 맛을 낼 수 있다. 일부 지방에서는 감식초나 솔잎식초 또는 다양한 소재의 식초로 대체하여 색다른 맛을 내기도 한다. 간장을 넣어 초절임하는 것보다 소금을 넣어 초절임하는 것이 식재료 본래의 색을 그대로 전달할 수 있다.

재 료

식초 240g, 설탕 200g, 소금 16g, 물 340g

만드는법

❶ 볼(bowl)을 준비한다.

❷ 모든 재료를 넣어 설탕과 소금이 잘 녹도록 섞어준다.

▶ 소금초절임장을 끓여서 오이나 무, 양파 등에 절이면 식감이 좋아진다.
▶ 천일염 대신 구운 소금을 쓰는 예도 있다.

 오이초절임

재 료

오이 480g, 무 150g, 홍피망 100g, 소금초절임장 800g

만드는법

01 오이는 한입 크기로 썰어 준비해 둔다. 무도 오이 크기와 비슷하게 썰어준다. 홍피망도 씨를 제거하고 한입 크기로 썰어 준비해 둔다.

02 준비한 오이와 홍피망, 무에 양념장 800g을 넣고 채소에 초절임장이 골고루 배일 때까지 충분히 절여 완성한다. 그 밖에도 다양한 채소를 절여 먹을 수 있다.

PART V. 식물 발효액

식용식물을 당류와 혼합, 발효시켜 얻은 액상의 추출물을 식물 발효액이라 한다. 농가에서 재배하는 채소나 과일, 자연에서 채취한 산야초 등 부존자원을 활용하여 청이나 발효액을 만들어 놓으면 음료나 샐러드에 유용하게 활용할 수 있는 나만의 웰빙 식재료가 된다.

식물 발효액

식물 발효액이란?

식물 발효액이란 채소, 과일 등 식용할 수 있는 식물체에 설탕을 첨가하면 삼투압 작용에 의해 식물체에 있는 수액과 영양 성분이 빠져 나오고 이것이 미생물의 작용에 의해 발효가 된 액상의 추출물로 채소류, 과일류, 종실류, 해조류 등 식용식물을 압착 또는 당류(설탕, 맥아당, 포도당, 과당 등)의 삼투압에 의해 얻은 추출물을 자체 발효 또는 유산균, 효모균 등의 접종에 의하여 발효시켜 식용 유래 성분과 발효 생성물을 섭취하기 적합하도록 제조 · 가공한 것을 말한다.

그동안 효소 담기라는 이름으로 불리는 일련의 과정들은 과학적 의미에서 볼 때 발효액 담기라고 명명하는 것이 옳다고 본다. 왜냐하면 효소 담기로 불리며 행해지는 과정들은 설탕을 매개로 재료 속에서 불활성화되어 있던 효모균을 활성화시켜 발효라는 메커니즘을 통해 재료의 유효 성분과 효소 일부를 얻어내는 것이기 때문이다. 다시 말해 발효를 통해 얻게 되는 액체가 모두 효소는 아니며 그 속에는 설탕의 삼투압 작용에 의해 추출된 재료의 유효 성분과 미생물들이 생화학 반응을 통해 생산해내는 각종 성분들이 재료 속에서 빠져나온 물과 함께 혼합되어 있다. 따라서 효소 담기라는 표현보다는 발효액 담기가 정확한 표현이며 발효액 담기로 만들어진 제품은 발효액이라고 표현하는 것이 옳다고 본다.

요즈음 요리 전문가나 천연 조미료로 맛을 낸다는 맛집 등에서 많이 사용하고 있는 매실청을 비롯해 민간에서 건강식품으로 유행을 타고 있는 효소 음료 등도 일종의 식물 발효액이라 할 수 있다. 다만 가당의 정도나 숙성 기간, 미생물에 의한 발효 여부에 따라 조금씩 내용물의 성상과 기능이 다를 수 있다.

식물 발효액은 누구나 가정에서 손쉽게 만들 수 있다. 재료에 설탕을 넣고 버무려 항아리 또는 유리병에 채워 봉해 두기만 하면 된다. 설탕의 농도에 의해 삼투압 작용으로 재료의 수액과 함께 여러 성분이 빠져 나오고 미생물들에 의해 당이 분해되면서 마시기에 좋은 발효액으로 만들어지게 된다. 특히 농가에서는 직접 농사지은 과일이나 채소, 산과 들에서 채취하는 식용열매와 나물, 약초 등을 이용해서 담가놓으면 좋은 식재료로 활용할 수 있다.

발효액 제조 방법

일반적인 과일 발효액 제조 방법

재배한 과일은 수분 함량이 많으므로 과일 10kg에 설탕 10kg 넣는 것을 기본으로 하면 된다. 그러나 사과나 배 같은 것은 수분 함량이 다른 과일에 비해 더 많으므로 재료 10kg에 설탕 11kg 정도 넣으면 되고, 산에서 나는 돌배, 돌복숭아, 산딸기, 다래, 오미자, 머루 등은 재배 과일에 비해 수분 함량이 적으므로 재료 10kg에 설탕 7~8kg 정도 넣으면 된다. 재료에 이미 당이 있으므로 설탕을 적절하게 넣어야 발효도 잘되고 맛도 좋다. 만일 재료에 비해 설탕의 양이 많으면 발효 시간이 더 길어지므로 천천히 익게 되지만 설탕의 양이 적으면 발효가 빨리 되고 식초화가 되어 신맛이 많이 나게 된다.

어떤 경우 설탕의 양을 많이 넣지 않는 이유가 있는데 빨리 발효를 시켜 원액을 많이 희석하지 않고 음료로 활용할 경우 재배한 과일, 수분이 많은 과일이라도 설탕을 70% 정도 넣어서 할 수도 있다. 보관 중 변질이 걱정된다면 살균을 해두는 것이 좋다. 양이 많아 냉장고에 두기가 어렵다면 약한 불로 살짝 끓인 다음 과실주스용 PET병이나 유리병에 담아두면 된다.

설탕은 백설탕, 황설탕, 흑설탕 등이 있는데 발효액의 원하는 색택을 고려하여 선택하면 된다. 설탕의 종류를 결정하는 것은 최종 제품의 색이나 맛을 어떻게 하고 싶으냐에 따라 결정되는 것이다.

예를 들어 색이 진한 냄새가 나는 제품을 원한다면 흑설탕을 사용하는 것이 유리하고, 깔끔한 색과 재료 자체의 향긋한 향기를 좋아하시는 분이라면 백설탕을 사용하는 것이 좋다. 백설탕은 건강에 나쁘고 흑설탕은 건강에 좋으니까 흑설탕을 사용해야 된다고 생각하는 것은 잘못된 정보이다.

백설탕을 시럽화하여 재결정 과정을 거치면 열에 의해서 갈변화되면서 정백당 안에 있던 원당의 향이 되살아나게 되는데 이것이 황설탕(중백당)이다. 백설탕이나 황설탕은 모두 원료당을 정제한 설탕이므로 영양학적으로 큰 차이가 나지 않는다고 보아야 한다.

일반적으로 제조하는 식물 발효액의 제조 공정은 다음과 같다.

① 재료를 적당하게 자른다. 재질에 수분이 많고 연한 것은 다소 크게 썰고, 수분이 적고 단단한 것은 잘게 썬다.

② 큰 양푼에 재료와 설탕을 골고루 섞어 용기(항아리 또는 유리병)에 담는다. 설탕에 골고루 버무린 재료는 손으로 잘 눌러가면서 채워야 설탕이 재료의 표면에 달라붙어 즙액이 잘 빠져나온다.

③ 재료의 윗면이 보이지 않도록 윗면에 설탕을 골고루 뿌려 도포한다.

④ 한지 또는 비닐로 덮개를 하고 만든 날짜, 재료 이름, 설탕의 양 등을 기록한다. 고무줄로 매어 이물질이 들어가지 않도록 한다.

⑤ 햇볕이 들지 않는 어두운 곳에 두고 재료를 이삼일에 한 번씩 뒤집어서 밑에 가라앉은 설탕을 녹여준다.

⑥ 7~10일 정도면 발효가 완성된다(발효 기간은 계절과 환경에 따라 여름엔 더 빨리 봄가을엔 더 늦게 발효된다). 재료의 성분과 수액이 빠져나오면 가벼워진 재료는 남아 있는 섬유질에 의해 떠오르며, 재료의 색도 녹색에서 연두색이나 황록색으로 또는 붉은색에서 분홍색으로 탈색된다.

⑦ 소쿠리로 즙액을 걸러 항아리에 숙성시킨다(2차 발효에 의해 거품이 올라온다).

⑧ 촘촘한 망으로 거품과 앙금을 걸어 내며 2~3개월 숙성시킨다.

⑨ 저온 저장 창고나 냉장고에 보관하면서 음용한다.

01 재료는 칼이나 작두로 적당하게 자른다. │ **02** 큰 대야에 재료와 설탕을 골고루 섞는다.

03 골고루 섞은 재료를 항아리에 담는다. │ **04** 윗면에 설탕을 골고루 뿌린다.

05 한지로 덮개를 하고 만든 날짜 등을 기록한다. │ **06** 햇볕이 들지 않는 어두운 곳에 둔다.

07 10~14일 정도면 발효가 완성된다. | **08** 채반으로 즙액을 거른다.

09 거른 즙액을 항아리에 숙성시킨다. | **10** 2~3개월 숙성시킨다.

11 저온 저장 창고나 냉장고에 보관하면서 음용한다. | **12** 오래 보관하는 것은 설탕을 더 넣는다.

01 | 매실청

재료

씨앗이 단단하게 여문 청매 5kg, 설탕 5kg

제조방법

① 항아리 또는 유리병을 준비하여 깨끗이 소독한다.

② 매실은 흐르는 물에 깨끗이 닦아 채반에 받쳐 물기를 뺀다.

③ 준비한 용기에 매실을 한 번 깔고, 그 위에 설탕을 넣어 빈 공간을 채워주고 다시
매실과 설탕을 한 번씩 층층이 깔아주고, 마지막에 설탕을 두껍게 덮어 공기와의
접촉을 최대한 막아준다.

④ 설탕이 잘 녹도록 가끔 밑에 녹아 있는 설탕을 끌어올려 섞어준다.
(저어줄 때 잡균의 오염 방지를 위해 작업 전 손을 청결히 한다.)

⑤ 보관 장소는 햇볕이 잘 들지 않는 서늘한 곳이 좋다. 약 3~5개월 정도 지나면 매
실과 엑기스를 분리한다.

⑥ 분리한 엑기스는 냉장고에 두고 음용한다. 양이 많아 냉장고에 두기가 어렵다면
약한 불로 살짝 끓인 다음 과실주스용 PET병이나 유리병에 담아두면 된다(뜨거운
상태에서 그대로 병에 담는다).

01 청매실 준비 | **02** 흐르는 물에 깨끗이 세척 | **03** 매실과 설탕을 1:1 혼합 후 맨 위쪽에 설탕을 두껍게 덮기

04 2~3일 경과 후 엑기스가 나오고 설탕이 녹기 시작 | **05** 설탕이 가라앉기 시작 | **06** 3~5개월 후 매실이 떠오름

02 | 매실 발효액

재료

잘 익은 황매 5kg, 백설탕 3kg

제조방법

① 매실 씻기와 물빼기 : 흠집이 없고 노르스름하게 익은 황매를 골라 흐르는 수돗물에 가볍게 씻은 후 반나절 정도 두어 물기를 완전히 뺀다.

② 용기 준비 : 매실 발효액을 만들 때 주로 사용하는 용기는 입구가 넓은 옹기나 유리병을 사용하면 된다.

③ 설탕 넣기 : 매실을 넣고 설탕을 켜켜이 넣은 다음 비닐로 덮고 고무줄로 매어두면 발효 중에 생기는 가스가 자동적으로 빠져나가기 때문에 관리하기가 편하다.

④ 발효와 거르기 : 매실과 설탕을 넣은 후 3~4일 정도가 지나면 발효가 시작된다. 거품이 일면서 알코올 냄새와 함께 진행되는데 발효 온도는 24~25℃에서 약 15~20일 정도 소요된다. 설탕이 어느 정도 녹으면 매실액 추출이 잘되도록 가끔 뒤집어주는 것이 좋다. 거품이 좀 잔잔해지면 거르기를 해야 한다. 채반에 밭쳐 매실과 발효액을 분리한다.

⑤ 열처리 : 열처리는 발효액을 90~95℃ 정도로 끓이는 것을 의미한다. 발효액 속에는 상당량의 당분과 미량 영양원이 다양하게 포함되어 있으므로 잡균에 의해 쉽게 오염될 수 있다. 열처리로 발효액 내에 있는 미생물을 살균하며, 또한 발효액 속의 효소를 불활성화시킴으로써 더 이상의 품질 변화를 막을 수 있다. 오래 보관하지 않고 바로 사용할 발효액은 열처리를 하지 않고 저온에 보관하면서 음용한다.

⑥ 병에 담기 : 열처리한 발효액을 보관 용기에 담을 때는 뜨거운 상태의 것을 그대로 담고 곧바로 뚜껑을 닫아주어야 한다. 식혀서 담으면 또다시 발효가 진행될 수 있기 때문이다. 사용하는 용기는 과일주스용 플라스틱 병이나 내열성 유리병을 사용하는 것이 좋다.

01 깨끗이 세척한 황매실과 설탕 혼합 │ **02** 용기에 담기 │ **03** 재료가 보이지 않도록 설탕 도포

04 15~20일 정도 발효 후 완성

03 | 오미자청

재료

잘 익고 빛깔이 좋은 오미자 5kg, 설탕 6kg

제조방법

① 빨갛게 익은 오미자를 흠집이 없는 것으로 골라 흐르는 수돗물에 가볍게 씻어 물기를 뺀다.

② 옹기나 유리병을 준비하여 깨끗이 소독한다.

③ ①에 준비한 설탕의 70%만 넣어 잘 혼합한다.

④ 설탕과 혼합한 오미자를 항아리나 유리병에 차곡차곡 넣은 다음 맨 위에 남겨 놓은 설탕을 오미자가 보이지 않게 손으로 잘 펴서 덮는다(용기에 담는 양은 80% 정도 차게 담는다).

⑤ 항아리 입구를 비닐로 덮어 고무줄로 묶고 겉뚜껑을 덮는다(유리병의 경우는 뚜껑을 완전히 닫은 다음 반 바퀴를 다시 풀어두어 용기 속에서 생기는 가스가 빠져 나갈 수 있게 한다).

⑥ 오미자와 설탕을 넣은 지 3~4일 정도 지나면 설탕이 녹으면서 오미자액 추출이 시작된다. 이때 설탕이 잘 녹을 수 있도록 가끔 뒤집어주는 것이 좋다. 추출 기간은 약 20~25℃에서 2~3개월 정도 소요된다.

⑦ 가을에 담아둔 것을 겨우내 저온에서 장기간 숙성시켰다가 봄이 오기 전에 분리하면, 오미자 씨로부터 향기 성분이 추출되어 오미자의 향과 깊은 맛이 더해진다.

⑧ 저온 저장고에 보관하면서 기호에 따라 물로 희석하여 음용한다. 오래 보관하려면 오미자청을 한소끔 끓여서 내열성 PET병(과일주스용)에 담아 보관하는 것이 안전하다.

01 오미자 | 02 숙성 중 | 03 발효 중 | 04 30일 정도 발효 후 채반에 거르기

05 채반에 거른 오미자 추출액 | 06 오미자청

04 | 순무 발효액

재료

순무, 설탕(정백당), 부재료(매실, 오미자, 쌀누룩)

제조방법

① 충분히 성숙한 순무(약 300~550g/개당)를 무청을 제거하고 순무뿌리만을 선별한다.

② 오염되지 않은 흐르는 물에 깨끗이 닦아 이물질을 제거한다.

③ 설탕에 의한 침출이 잘될 수 있도록 섞박지 담글 때의 크기(5×5×1cm)로 자른다.

④ 자른 순무에 준비한 설탕 중 70%를 섞어 잘 혼합한다.

⑤ 설탕과 혼합한 순무를 항아리나 유리병에 담고 맨 위에 30%의 남은 설탕을 재료가 보이지 않도록 도포한다.

⑥ 유리병에 담았을 경우엔 뚜껑을 반만 닫아 발효시키고, 항아리에 담을 경우엔 비닐 또는 한지로 덮고 고무줄로 묶은 다음 뚜껑을 덮어 발효시킨다.

⑦ 약 24℃ 정도에서 10~14일 정도(쌀누룩을 첨가하여 발효할 때는 30일 이상) 발효시킨 후 여과하여 숙성 용기에 담아 서늘한 곳에 보관하면서 음용한다.

⑧ 발효액 보관은 직사광선을 피하고 통풍이 잘되며 서늘하고 청결한 곳이면 좋다. 고온의 장소나 햇볕이 드는 장소 등은 절대로 피하고 온도가 차고 어두운 곳이나 냉장고 같이 가능한 한 활성을 높이지 않는 장소에 보관한다.

순무 발효액의 재료 혼합비율

	순무(%)	설탕(%)	오미자(%)	매실(%)	쌀누룩(%)	비고
순무 발효액	60	40				재료 총중량(kg) 대비
순무+오미자 발효액	50	40	10			
순무+매실 발효액	40	40		20		
순무+쌀누룩 발효액	60	20			20	

쌀누룩 첨가 순무 발효액 담기

01 순무 씻기 | 02 적당한 크기로 자르기 | 03 설탕, 백국, 황국을 혼합 후 섞기

04 항아리에 담기 | 05 설탕으로 도포 | 06 24~26℃에서 30~50일 발효

· 순무는 십자화과에 속하는 두해살이풀로서 뿌리와 잎을 식용하는 채소이다. 원산지는 유럽으로 알려져 있고 우리나라에서는 강화군이 대표적인 특산지이다. 주로 섞박지 등 김치의 재료로 쓰인다. 연구 결과에 의하면 순무에는 항암 성분이 들어 있고 변비를 없애주는 식이 섬유 및 비타민·무기질 등의 함량도 높으며, 특히 간암 유발물질인 아플라톡신을 해독하는 물질이 들어있다고 보고되고 있다.

05 | 알로에 사포나리아 발효액

재료

알로에 사포나리아 5kg, 설탕 3~3.5kg(재료 무게의 60~70%)

제조방법

① 알로에 사포나리아를 깨끗이 닦아 조리 가위로 가시를 제거하고 적당한 크기로 썬다.

② 설탕은 사포나리아 중량의 60%를 준비한다.

③ ①에 준비한 설탕량의 80% 정도를 넣어 고루 버무린 후 발효 용기에 담는다.

④ 나머지 설탕을 ③의 맨 윗부분에 도포한 뒤

⑤ 한지나 비닐로 덮어 고무줄로 묶고 뚜껑을 덮는다.

⑥ 30℃ 정도의 온도에서 12일간 발효한 후 여과한다.

⑦ 저온 저장고에 보관하면서 숙성시킨다. 오래 숙성시키지 말고 빨리 섭취하는 것이 좋다.

- 알로에는 아라비아어로 '맛이 쓰다'는 뜻으로, 열대 지방과 동남 아프리카 및 지중해 연안에 자생하는 다년생 백합과 식물이다. 빛에 의한 스트레스를 거의 받지 않으며 수분만 조절하면 잘 자라는 것으로 알려졌으며, 잎 가장자리에 날카로운 톱니 모양의 가시가 있다.
- 알로에 사포나리아(Saponaria Officinalis L.)는 화상, 상처, 위궤양 및 위장 장애 등의 민간 치료제로서 그 수요가 증가하고 있으나 식용으로 활용할 수 있는 가공법이 미흡한 실정이다. 경남 김해, 남해, 거제시 등에서 특산물로 많이 재배하고 있으며 농가뿐만 아니라 가정에서도 손쉽게 기르는 것이 가능하다.

01~03 사포나리아 손질 및 자르기 | 04~05 설탕 혼합하여 용기에 담기 | 06~08 30℃에서 12일간 발효

06 | 붉은 물고추 발효액

재료

붉은 물고추 5kg, 설탕 3.5kg

제조방법

① 붉은 물고추를 꼭지가 붙은 채로 흐르는 물에 깨끗이 닦아 물기를 뺀 후, 꼭지를 떼어낸다.

② 설탕이 잘 혼합될 수 있도록 두 토막 또는 세 토막씩 어슷어슷 썬다.

③ 스테인레스볼에 썬 고추를 담아 분량의 설탕 중 80%를 덜어 고추와 잘 혼합한다.

④ 발효할 용기에 차곡차곡 ③을 담은 후 맨 위에 남은 설탕으로 고추가 보이지 않도록 잘 도포한다.

⑤ 한지 또는 비닐로 덮어 고무줄로 묶은 다음 뚜껑을 닫아 직사광선이 닿지 않는 서늘한 곳(24~26℃)에서 발효시킨다.

⑥ 2~3일 후 설탕이 녹아 밑으로 가라앉으면 깨끗한 주걱으로 설탕이 녹도록 뒤집어준다. 이틀에 한 번 정도 설탕이 다 녹을 때까지 뒤집어준다.

⑦ 15~20일 정도 발효 후 고추가 위로 다 떠오르면 즙액만 걸러 저온 저장고에서 2~3개월 숙성시킨다. 발효하는 장소, 온도에 따라 발효 기간은 조금씩 차이가 있으므로 고추의 상태를 봐서 거르는 시기를 조정한다.

· 붉은 물고추 발효액은 칼칼한 매운 맛과 단맛이 어우러져 각종 음식의 소스나 샐러드용 드레싱으로 활용하면 좋다.

· 고추에는 비타민A, 비타민C 등 외에 캡사이신 성분이 있는데 캡사이신은 항암과 스트레스 해소효과가 있으며, 지방을 연소하는 효과가 있으므로 다이어트에도 도움이 된다고 한다.

01 깨끗이 씻기 | **02** 어슷 썰기 | **03** 설탕과 혼합 | **04** 발효할 용기에 담기

05 한지 또는 비닐로 덮어 발효 | **06** 15~20일 발효 후 고추와 즙액 분리 | **07** 저온 저장고에 보관

양파 발효액

같은 방법으로 양파, 마늘, 생강 등 양념 채소를 이용하여 발효액을 만들어 두면 음식을 만들때나 소스를 만들때 유용한 식재료로 활용할 수 있다.

PART VI. 소스와 장아찌

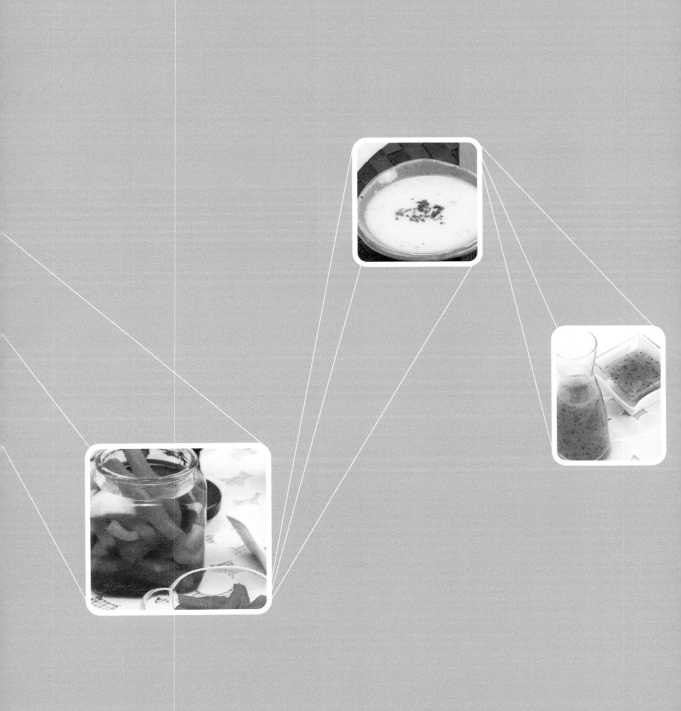

01 | 김치소스

- 부식으로만 활용되는 김치를 다양하게 활용할 수 있도록 소스로 제조하였다.
- 김치 함유량이 55% 이상 천연소재를 활용하여 영양학적으로 매우 우수하다.
- 품질이 균일하고 저장성이 우수하여 대량생산 및 유통이 가능하다.
- 베이스소스(김치소스)를 모체로 다양한 조리가공품으로 응용할 수 있다.
  ☞ 잼, 젤리, 스프레드, 피자, 스파게티, 비빔국수, 냉면, 떡볶이용 소스 등

재료

주재료 : 잘 익은 김치(붉은 김치, 백김치)

부재료 : 천연색소(백년초, 파프리카, 식용꽃 등), 올리고당(물엿), 식초, 소금, 전분 등

제조방법

김치소스 제조를 위한 재료 혼합비(단위 : %)

구 분	붉은색 소스(Ⅰ)	백색 소스(Ⅱ)	주황색 소스(Ⅲ)
잘익은 김치	60.0	65.0	60.0
올리고당/물엿	35.0	32.6	35.0
전분	0.6	1.0	0.8
식초	1.0	1.0	0.6
소금	0.4	0.4	0.6
천연색소	1.0		1.5~2.0

* 소스Ⅰ : 배추김치+천연색소(백련초), 소스Ⅱ : 백김치소스, 소스Ⅲ : 백김치+천연색소(착색단고추/주황)

만드는 방법

① 잘 익은 김치를 국물과 모두 섞어 곱게 갈아놓는다

② 위 표에 제시한 혼합 비율로 준비한 재료를 섞은 다음 용도에 따라 당산도 및 염도를
   조절한다.

③ 천연색소(백년초)는 분량에 15배의 물을 부어 소형믹서기로 잘 섞어 멍울이 풀어지
   도록 한 후 ②의 재료에 섞는다.

④ 비살균소스는 호화전분을 넣어 농도를 조절하고, 살균소스는 끓인 후에 병에 넣어
   보관한다.

· 김치 종류별 다양한 맛의 소스를 만들 수 있는 특성이 있다.
  – 맛 : 배추김치맛, 갓김치맛 등.
  – 색상 : 천연색소에 따라 다양화
    ☞ 백년초–붉은색, 파프리카–주황 · 노랑 · 빨강 · 초록, 식용꽃–장미, 국화 등
· 비살균소스 : 가정에서 소량씩 만들어 놓으면 냉장 저장 90일까지 품질 양호
  살 균 소 스 : 산업용으로 장기저장 · 유통 가능

01 김치소스 기본재료 ㅣ 02 첨가하는 천연색소 분말 ㅣ 03 김치 마쇄 ㅣ 04 김치소스 베이스

05 백김치+천연색소 소스 ㅣ 06 김치소스 시제품

02 | 순무비트피클

주로 김치로 많이 이용되고 있는 순무를 다양하게 활용하기 위해 비트를 첨가한 순무피클을 개발하였다. 닭튀김, 커틀릿 등 고기 요리나 스파게티 등 양식 요리를 먹을 때 입맛을 깔끔하게 해준다. 특히, 비트를 넣어 붉게 물든 피클은 색감이 좋아 샐러드 등에 넣어도 잘 어울리고 상큼한 맛을 더할 수 있다.

재료

순무 425g, 비트 75g(재료 중량의 15% 비트 첨가)

조미액 : 물 500㎖, 식초 200㎖, 설탕 100g, 소금 30g, 향신료

※ 조미액의 혼합 비율은 일반적으로 많이 활용하는 피클 조미액의 혼합 비율
　물:식초:설탕 = 2:1:1에서 식초와 설탕의 비율을 조금 줄였음.

향신료 : ① 샐러리 1대, 양파 1/2개 또는 ② 월계수잎 2장·정향·통후추 약간
　　　　　③ 피클링스파이스 10g 중 한 가지를 선택하여 제조한다.

제조방법

① 조미액 만들기 : 물, 식초, 설탕, 소금, 향신료(월계수잎, 정향, 통후추 등)를 넣고 팔팔
　끓여서 소금과 설탕이 잘 녹으면 불을 끄고 식혀준다.
② 순무를 두께 1cm 정도 긴 막대 모양으로 자른다.
③ 비트는 작게 0.5×0.5×0.5cm 크기로 깍둑썰기한다.
④ 깨끗이 소독한 병에 순무와 비트를 한 켜씩 번갈아 넣어준다.
⑤ ①의 조미액을 체에 걸러서 병에 붓는다.
⑥ 하루 동안 익혀 냉장고에 넣어두고 일주일 정도 두었다가 먹는다.

순무 비트 피클 병조림

01 재료 준비 | 02 자르기 | 03 샐러리, 양파, 비트 | 04 조미액 준비(샐러리, 양파를 넣어 끓임)

05 병에 담기 | 06 조미액 붓기 | 07 조미액 채움 | 08 뚜껑 닫고 거꾸로 세워 압착하기

03 | 발효액을 이용한 소스 만들기

1) 참다래 소스

재료

매실 발효액 100㎖, 참다래 3개, 식초 10㎖, 고운 소금 5g, 올리브오일 5㎖, 꿀(물엿) 약간

제조방법

① 참다래 3개를 으깨거나 강판에 갈아 준비한다.

② 매실 발효액 100㎖, 식초 10㎖, 올리브오일 5㎖, 고운 소금 5g을 잘 저어준다.

③ ①에 ②를 혼합한다.

④ 기호에 따라 꿀(물엿)을 넣는다.

ㄹ) 떡볶이 소스

재료

홍고추 발효액 60㎖, 고추장 40g, 고춧가루 15g, 마늘·양파 다진 것 각 5g, 청양고
추, 간장, 물엿, 올리브오일, 설탕 등

제조방법

① 고추장 40g에, 고춧가루 15g을 넣어 잘 섞어준다.

② ①에 양파, 마늘, 청양고추를 곱게 다져서 각 5g씩 넣는다.

③ ①+②에 홍고추 발효액 60㎖를 넣어 잘 혼합한다.

④ 간장, 물엿, 설탕, 올리브 오일 등은 기호에 따라 첨가한다.

3) 요거트 드레싱

재료

매실 발효액 100㎖, 프레임 요거트 3개, 식초 15㎖, 소금 5g, 후추, 파슬리 다진 것,
견과류 다진 것(땅콩, 잣 등 기호에 따라) 약간

제조방법

① 프레임 요거트에 매실발효액 100㎖를 잘 혼합한다.

② ①에 식초 15㎖, 소금 5g을 넣고 후추를 약간 넣는다.

③ 고명으로 다진 파슬리를 뿌린다.

④ 다진 견과류를 넣으면 더욱 맛이 좋다.

4) 고기양념 소스

재료

양파 발효액100㎖, 무(배) 100g, 다진 양파 10g, 다진 마늘 10g, 생강가루 5g, 청양

고추 다진 것 10g(기호에 따라)

제조방법

① 무(배)를 강판에 간다.

② 마늘, 파, 청양고추는 곱게 다진다.

③ ②를 각 5g씩 ①에 넣고 생강가루도 넣는다(기호에 따라 가감한다).

④ 양파발효액 100㎖를 넣어 잘 혼합한다.

⑤ 기호에 따라 재료 및 양념을 가감한다.

5) 된장 드레싱

재료

오미자 발효액 100㎖, 양파 발효액 30㎖, 된장 60g, 들기름 15㎖, 물엿 10㎖, 마늘
양파 다진 것 각 10g, 견과류(땅콩이나 잣가루) 10g 정도

제조방법

① 된장 60g에 오미자 발효액 100㎖ 양파 발효액 30㎖를 잘 혼합한다.

② ①에 마늘 다진 것, 양파 다진 것, 들기름 15㎖를 섞어 혼합한다.

③ 물엿 10㎖를 첨가하고 기호에 따라 땅콩가루나 잣가루를 넣는다.

④ 기호에 따라 양념을 가감한다.

　※ 고기 소스나 쌈장으로 이용하면 좋다.

가죽장아찌(참죽장아찌) 경상북도

경상도에서는 참죽나무의 새순을 '가죽'이라고 한다. 진짜 가죽나무를 개가죽나무라 부르니 혼동 할 수도 있다. 고려시대에 중국에서 들여와 사찰의 앞 마당에 심어진 참죽나무의 새순은 맛이 좋아 '참죽나물'라 하였고 채식을 하는 스님들이 나물로 데쳐 먹었다 한다.

가죽 1kg, 고추장 3컵

1. 가죽은 깨끗하게 씻어 끓는 물에 살짝 데친 후 꾸덕꾸덕하게 말린다.
2. 1의 말린 가죽과 고추장을 켜켜이 항아리에 담아 위를 눌러 3~4개월 숙성시킨다.

• 가죽은 청명 전후에 나는 것을 채취하며 15cm 이내가 연하다. 장아찌용으로 너무 여린 것은 오히려 좋지 않으므로 약간 크고 줄기가 연하며 굵은 것이 좋다. 또한 가죽을 소금물에 절여 말리지 않으면 나중에 물이 많이 생겨 맛이 떨어지며 오래 보관할 수 없다. 가죽나무의 잎에 있는 특이성분인 퀘르시트린은 이뇨 및 모세혈관 강화 작용을 하여 고혈압과 동맥경화에 효과가 있다.

• 가죽장아찌에 찹쌀풀을 발라 잘 말려두었다가 적당한 크기로 잘라 먹으면 저장 밑반찬으로 매우 좋으며, 이것을 기름에 튀기면 장아찌 부각으로 맛있게 먹을 수 있다.

141

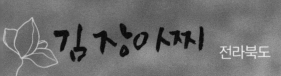

김장아찌 전라북도

장을 침채원으로 해서 만든 저장 식품을 말하는 것으로 통상 식물성 재료를 이용한 것을 뜻한다. 채소를 소금이나 간장에 절여 숙성시킨 저장식품이다. 계절적인 분별이 뚜렷한 기후적 배경과 지역적 · 풍토적 다양성은 우리 음식에서 저장식품을 발달시켰다. 즉, 각 가정에서는 철따라 나오는 여러 가지 채소를 적절한 저장법으로 갈무리하여 일상 식생활에 부족함이 없도록 대비하였다.

많은 장아찌 중에서도 첫맛은 단듯하면서도 고소함이 남는 김장아찌는 식욕을 돋우는 밑반찬으로 좋다. 오래된 김이나 김밥용 김과 같이 질기고 두꺼운 김을 8등분 한 뒤 여러 장씩 묶어 준비한다. 멸치와 다시마를 끓인 물에 진간장, 물엿, 마른 고추, 설탕, 통후추, 대파, 마늘 등을 넣어 끓여서 달임 장을 만든다. 여러 장씩 묶은 김을 항아리에 담고 달임 장을 부어 김이 잠기도록 눌러 놓는다. 한 달 정도 지난 후 참기름, 깨소금 등으로 양념을 하여 먹는다. 남도지방에서 즐겨 먹던 음식으로 김에는 미네랄과 비타민C가 많아 기미와 주근깨의 원인인 멜라닌색소가 진해지는 것을 예방한다.

김 40g(20장), 통깨, 잣가루 약간

양 념 장 멸치장국 국물(멸치, 다시마, 물) 400mL(2컵), 간장 230g(1컵), 물엿 1컵, 청주 3큰술, 식초 3큰술

1. 김은 8등분하여 여러 장씩 실로 느슨하게 묶는다.
2. 양념장 재료를 냄비에 넣고 약간 되직하게 진한 색이 나도록 조린 다음 식힌다.
3. 김이 들뜨지 않도록 그릇으로 누른 뒤 2의 양념장을 붓는다.
4. 한 달 동안 재워 두고, 통깨와 잣가루로 고명을 얹는다.

• 김은 필수아미노산이 골고루 풍부하게 들어있고 소화, 흡수가 잘되는 식품으로 체내의 물질대사에 관여하는 효소의 재료로 쓰이는 미네랄은 거의 모두 들어있다. 그리고 김에서만 추출되는 포피란 성분은 기름을 분해하고 면역력을 높여 콜레스테롤 수치를 낮추는 효능이 있다.

# 더덕장아찌 ^{충청북도}

더덕은 도라지과의 여러해살이 풀로 독특한 향기가 뛰어난 우리나라 특유의 산에서 나는 뿌리 나물로 식용 섬유질이 풍부하고, 씹히는 맛이 탄탄하여 '산에서 나는 고기'에 비유된다. 생김새는 인삼 산도라지 등과 비슷해도 맛은 다르다. 더덕은 도라지보다 향기롭고 살이 연하여 도라지나물보다 훨씬 귀하고 품격 있는 나물이다. 단군시대부터 고려에 이르기까지의 역사를 적은 〈해동역사〉라는 책을 보면 고려시대에 더덕을 나물로 만들어 먹었다는 기록이 있다. 더덕의 성장기인 봄에 싱싱한 생더덕을 갖은 양념에 무쳐 석쇠에 굽는 '더덕구이'를 비롯해서, '더덕회(膾)', '더덕김치', '더덕장아찌' 등 많은 더덕요리는 원래 사찰음식으로 많이 먹었다. 또한 예부터 산삼에 버금가는 뛰어난 약효가 있다하여 사삼(沙蔘)이라 불렀으며 인삼(人蔘), 현삼(玄蔘), 단삼(丹蔘), 고삼(苦蔘)과 함께 오삼(五蔘)중의 하나로 인정받아 왔다.

더덕 240g(대 6개), 고추장(또는 막장) 500g

양   념 다진 마늘 5g, 다진 파 5g, 참기름 1작은술, 설탕 1작은술

1. 더덕은 껍질을 벗겨 방망이로 밀어 편평하게 한 후 물기 없이 꾸덕꾸덕하게 말린다.
2. 더덕을 고추장 또는 막장에 박아 숙성시킨다.
3. 먹을 때 꺼내어 다진 마늘, 다진 파, 참기름, 설탕으로 갖은 양념하여 무친다.

• 숙성되지 않은 고추장으로 더덕을 버무리면 고추장의 날 냄새가 더덕에 배어들어 맛이 없다. 또한 고추장에 넣기 전에 된장에 한 달 정도 박아 두었다가 고추장에 옮겨 넣어도 별미다.

• 더덕은 맛은 달고 쓰며 성질은 약간 차다. 더덕의 뿌리에는 섬유질을 비롯하여 칼슘과 인, 철분 등 무기질과 비타민이 풍부하다. 잘랐을 때 나오는 하얀 진액은 사포닌 성분이며, 쓴맛의 성분이기도 하나, 폐 기운을 향상시킨다. 오래전부터 기관지염이나 천식을 치료하는 약재로 쓰인 까닭이다. 사포닌은 이눌린과 함께 피 속의 콜레스테롤과 지질 함량을 줄이고 혈압을 낮춰 준다.

마늘장아찌 | 경상북도

햇마늘을 이용하여 담가 놓으면 일 년 내내 밑반찬으로 애용할 수 있다. 통마늘로 담그기도 하고 마늘을 한 알씩 분리하여 담그기도 한다.

재료 및 분량	통마늘 300g(10통), 물 400mL(2컵), 간장 1컵, 설탕 1/3컵
	▶ 촛물 : 식초 1컵, 물 2L(10컵)

만드는 방법

1 통마늘은 겉껍질을 까서 촛물에 24시간 정도 담갔다가 건진다.

2 냄비에 간장, 설탕, 물을 넣어 끓인 후 완전히 식으면 마늘을 넣는다.

3 2~3일 후 **2**의 간장 물을 따라내어 끓인 후 식혀서 다시 붓기를 2~3회 반복한다.

활용 TIP

▶ 마늘 장아찌에 이용하는 통마늘은 껍질이 완전히 마르지 않는 풋마늘일 때 담그는 것이 좋다.

▶ 마늘을 소금물에 넣어 삭힌 후 설탕, 식초, 물을 식힌 다음 부어 장아찌를 담그기도 한다.

무말랭이장아찌 | 경상북도

무말랭이장아찌는 무말랭이짠지, 오그락지, 골금지, 골금짠지, 골짠지, 골곰짠지 등으로 불리기도 한다. 씹히는 질감이 원료인 무와는 다른 맛을 낸다.

재료 및 분량	무말랭이 200g, 말린 고춧잎 50g

▶ 양념장 : 물 900mL(4 1/2컵), 물엿 200g(1/2컵), 고춧가루 100g, 소금 20g, 다진 파 20g, 다진 마늘 30g, 생강즙 10g

만드는 방법

1 무말랭이와 말린 고춧잎을 불지 않게 찬물에 얼른 씻어 건진다.

2 냄비에 물을 붓고 물엿, 소금을 넣어 끓여서 식으면 생강즙, 다진 파, 다진 마늘, 고춧가루를 넣어 양념장을 만든다.

3 무말랭이와 양념장을 항아리에 섞어 담고 25일 정도 숙성시킨다.

활용 TIP

▶ 숙성시킨 다음 상에 올리기 전에 참기름으로 양념하여 올린다.

▶ 무말랭이는 무즙에 담가 불리기도 하고, 말린 고춧잎 대신 무시래기를 넣기도 한다.

매실고추장아찌 전라남도

매실고추장아찌는 씨를 뺀 청매실을 소금에 절여 고추장, 설탕, 다진 마늘 등으로 버무려 항아리에 꼭꼭 눌러 담아 10일 정도 숙성시킨 뒤 통깨와 참기름을 넣어 무친 것이다. 매실장아찌는 한번 만들어 놓고 냉장 보관하면 두고두고 먹을 수 있는 간편하면서도 몸에 좋은 음식이다.

매실은 6월부터 출하되기 시작하는데 6월 중순에서 7월 초순 사이의 것이 가장 좋다. 직경이 약 4cm 정도 되고 깨물어 보았을 때 신맛과 단맛이 나며 씨가 작고 과육이 많은 것이 좋다.

청매실 400g, 소금 2큰술, 통깨 2큰술, 참기름 적량

양 념 고추장 ⅓컵, 설탕 4큰술, 다진 마늘 1큰술

1. 잘 익은 청매실을 흠집이 없는 것으로 골라 깨끗하게 씻어 물기를 뺀다.
2. 씻은 청매실을 6등분으로 칼집을 내 씨를 제거한다.
3. 2의 매실에 소금을 뿌려 버무린 후 하루가 지난 다음 건져 물기를 닦는다.
4. 고추장, 설탕, 다진 마늘을 넣고 양념을 만들어 3의 매실을 버무린 뒤 항아리에 꼭꼭 눌러 담아 익힌다.
5. 10일 정도 지나면 항아리에서 꺼내 통깨와 참기름을 넣어 무친다.

· 매실이 우리몸에 좋은 이유는 매실에는 피크린산이라는 성분이 들어 있는데 이것이 독성물질을 분해해서 식중독, 배탈 등 음식으로 인한 질병을 예방 치료하는데 효과적이기 때문이다. 또한 비타민과 무기질이 풍부하며 매실에 풍부한 구연산은 피로물질인 젖산을 분해시켜 몸 밖으로 배출시킨다.

· 고기, 인스턴트 음식을 많이 먹으면 체질이 산성으로 변하기 쉽다. 몸이 산성이 되면 두통, 현기증, 불면증, 피로가 오는데 매실 같은 알칼리성 식품을 꾸준히 먹으면 체질을 약 알칼리성으로 유지할 수 있다.

깻잎장아찌

깻잎은 철분과 칼륨 등의 무기질이 풍부한 알칼리성 식품이다. 그뿐만 아니라 몸에 해독 작용을 하고, 신진대사를 좋게 해주며 비타민 C가 풍부하여 다이어트에 효과적이다.

재료 및 분량	깻잎 100g

▶ 양념장 : 간장 200ml, 마늘 20g, 물엿 20g, 멸치국물 100ml

만드는 방법	

1 깻잎은 깨끗이 씻어서 물기를 빼서 준비한다. 마늘은 편으로 썰어준다.

2 멸치국물에 간장을 넣고 끓이다가, 마늘과 물엿을 넣고 한소끔 끓인 후 식혀준다.(물엿을 취향껏 가감한다.)

3 용기에 깻잎을 넣고 식은 간장물을 붓는다. 이틀 후 간장만 따라 끓여 식힌 후 다시 부어준다.(두 번 정도 반복해준다.)

양파장아찌

양파장아찌는 우리 몸에 불필요한 젖산과 콜레스테롤, 고지방 등을 녹여주는 대표적인 식품이다. 지방질의 함량이 적으면서 채소로서는 단백질이 많은 편이므로 다이어트에 효과적입니다.

재료 및 분량   양파 5개(1Kg), 간장 2컵(400ml)

　　　　　　　▶ 양념장 : 설탕 1과 1/2컵(300g), 식초 2컵(400ml), 물 1컵(200ml),
　　　　　　　　　 소금(굵은소금) 1/2큰술(5g)

만드는 방법

1 양파는 껍질을 벗겨 흐르는 물에 씻는다. 2등분한 후 소금을 골고루 뿌려 하루 동안 둔다.

2 양파를 물에 헹구어 체에 밭쳐 물기를 뺀다. 냄비에 간장, 설탕, 식초, 물을 넣고 끓어오르면 불을 끈다. 양파에 간장 물을 붓고 뚜껑을 닫는다.

3 냉장실에서 1주일간 저장한 후 간장 물을 따라 붓고 간장 물을 다시 끓여 붓는다.(장아찌를 숙성하는 동안 2회 정도 간장 물을 다시 끓여 부어주면 오랫동안 보관이 가능하다.)

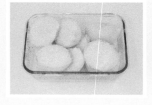   

호두장아찌 충청남도

실크로드를 따라 중국을 거쳐 들어온 호두는 우리나라에서는 정월 보름에 호두를 깨물면 부스럼을 방지한다는 풍습이 지금까지 전해지고 있고 로마에서는 호두를 던져 자손이 많이 생기기를 기원하기도 했다. 유럽에서는 '신의 견과'로 불리며 귀한 대접을 받았고 우리나라 또한 호두를 '삼과피'로 부르며 밤, 잣, 은행 등과 함께 귀한 열매로 여겨졌다. 우리가 보통 호두라고 부르는 것은 땅콩을 의미하는 '호두(胡豆)'가 아니라 '호도(胡桃)' 즉 오랑캐 복숭아다. 껍질을 깐 호도의 속과실이 복숭아 씨와 모양과 크기에서 흡사해서 복숭아 '도(桃)'자가 들어간 것으로 보이나 '호두'라고 불리는 것은 오랜 세월 동안 발음의 편리성으로 인하여 변이가 일어난 것으로 보인다.

호두가 천안의 명물로 자리잡을 수 있었던 것은 고려 중엽, 천안 출신의 유청신이 원나라에 사신으로 갔다 오면서 가져와 심었기 때문으로 알려져 있다. 충남지역에서는 호두를 간장에 조릴 때 소고기 완자를 작게 빚어 물과 간장을 끓이다가 완자를 넣어 익히고 호두를 넣어 조려 먹기도 한다.

깐호두 240g(3컵), 쇠고기 100g, 물 140mL(⅔컵), 간장 3큰술, 물엿 1큰술

쇠고기양념 간장 1작은술, 다진 파 1작은술, 다진 마늘 ½작은술, 깨소금 1작은술, 참기름 1작은술

1. 호두는 물이 끓으면 넣어서 떠 올랐을 때 불을 끄고 10분 정도 담가 떫은맛을 없앤 후 찬 물에 헹궈 체에 밭쳐 둔다.

2. 쇠고기는 곱게 다져서 쇠고기 양념으로 양념한 다음 지름 1.5~2cm 정도 크기로 동그랗게 완자를 빚는다.

3. 물과 간장을 넣고 끓이다가 완자를 넣어 익히고 호두를 넣어 조린다.

4. 국물이 자작하게 졸아들면 물엿을 넣고 고루 섞는다.

• 단단해서 잘 벗겨지지 않는 호두껍질의 경우, 일단 수증기를 이용해 약 3분간 찐다. 수증기가 호두 속으로 들어가서 부드러워지면 호두를 굴려가며 망치로 살살 내리친 뒤 깨진 틈을 벌리면서 벗겨주면 된다. 까놓은 호두는 지방이 변질될 수 있으므로 빨리 먹는 것이 좋다.

• 호두는 성질이 뜨거우므로 체질적으로 몸에 열이 많거나 대변이 묽은 사람은 과도한 섭취를 삼가도록 한다.

• 깐 호두는 지방성분이 많아 쉽게 산패되는 특성이 있으므로 반드시 냉동보관을 한다. 냉동보관시에도 일반 비닐봉지보다는 알루미늄이 코팅된 은박 비닐봉지에 밀봉시켜 보관해야 한다.

누구나! 손쉽게! 어디서나 만들수 있는 **웰~빙** 발효식품

1판 1쇄 인쇄 2019년 05월 15일
1판 1쇄 발행 2019년 05월 25일
엮은이   농촌진흥청 가공이용과
펴낸이   이범만
발행처   **21세기사**
등 록   제406-00015호
주 소   경기도 파주시 산남로 72-16 (10882)
전화 031)942-7861 팩스 031)942-7864
홈페이지   www.21cbook.co.kr
e-mail   21cbook@naver.com
ISBN 978-89-8468-836-0

정가 16,000원